Rohrnetzberechnungen in der Heiz- und Lüftungstechnik

auf einheitlicher Grundlage

von

Dr. techn. Karl Brabbée

ord. Professor an der Kgl. Technischen Hochschule zu Berlin

Zweite Auflage

Mit 14 Textabbildungen und 12 Hilfstafeln

Springer-Verlag Berlin Heidelberg GmbH

1918

Additional material to this book can be downloaded from http://extras.springer.com

Im Einverständnis mit der Verlagsbuchhandlung R. Oldenbourg, München und Berlin, unter teilweiser Benutzung der von ihr verlegten „Mitteilungen der Prüfanstalt für Heiz- und Lüftungsanlagen der Kgl. Technischen Hochschule zu Berlin“.

Ursprünglich erschienen bei Julius Springer, Berlin 1918
Softcover reprint of the hardcover 2nd edition 1918

ISBN 978-3-642-50466-2 ISBN 978-3-642-50775-5 (eBook)
DOI 10.1007/978-3-642-50775-5

Vorwort zur 1. Auflage.

Die Arbeit verfolgt den Zweck, der Praxis in handlicher Form jene Behelfe zu geben, die für die schnelle und sichere Berechnung der in unserem Sonderfach vorkommenden Rohrnetze benötigt werden. Die theoretischen Grundlagen sind in den „Mitteilungen" der mir unterstehenden „Prüfanstalt" eingehend behandelt, so daß nur auf das Nötigste zurückgegriffen wurde. Die Beispiele erscheinen in einfachster Gestalt, da es hierdurch möglich ist, die Anwendung der gegebenen Behelfe am klarsten zu zeigen.

Es ist beabsichtigt, die vorliegende Veröffentlichung nur bis zur nächsten Ausgabe des „Leitfadens" aufrechtzuerhalten.

Möge die Abhandlung dem entwerfenden Ingenieur die rein rechnerisch zu leistende Arbeit verringern und ihn für die Lösung anderer Aufgaben freimachen.

Charlottenburg, im Januar 1916.

Karl Brabbée.

Vorwort zur 2. Auflage.

Nach zweijährigem Gebrauch der „Rohrnetzberechnungen" kann folgendes festgestellt werden:

Das auf wissenschaftliche Untersuchungen aufgebaute Rechenverfahren wird im Unterrichtsbetrieb gerne benützt, da es alle in unserem Sonderfach vorkommenden Rohrnetze auf gleicher, allgemein gültiger Grundlage behandelt.

Die Praxis hat die Einfachheit des Rechenverfahrens und seine unbedingte Zuverlässigkeit in mehr als ausreichender Weise bestätigt.

Wesentliche Änderungen schienen daher nicht erforderlich. Bei der Niederdruck-Dampfheizung und den Einzelwiderständen von Lüftungsanlagen wurden Zusätze angefügt.

Charlottenburg, im Juni 1918.

Karl Brabbée.

Inhaltsverzeichnis.

Literaturnachweis.

Geschichtlich geordnet.

1. Mariotte, Traité du mouvement des eaux. Nouvelle édition. Paris 1718.
2. Couplet, Recherches sur le mouvement des eaux. Histoire de l'acad.
3. Bossut, Traité théorique et expérimental d'hydrodynamique. Paris 1786.
4. Dubuat-Kosmann, Grundlehren der Hydraulik. Berlin 1796.
5. Kosmann, Lehrbuch der Hydraulik. Berlin 1797.
6. Gerstner, Versuche über die Flüssigkeit des Wassers bei verschiedenen Temperaturen. Gilberts Annalen d. Phys. Bd. V. 1800.
7. Prony, Recherches physics-mathématiques sur la théorie des eaux courantes. Paris 1804.
8. Girard, Essai sur le mouvement des eaux courantes. Paris 1804.
9. Eytelwein, Untersuchungen über die Bewegung des Wassers. Abh. d. Kgl. Akad. d. Wissensch. Berlin 1814/15.
10. Navier, Mémoire sur les lois du mouvement des fluides. Mém. de l'acad. royale des sciences. Tom. VI. 1823.
11. D'Aubuisson, Traité d'hydraulique. 1834.
12. Duchemin, Recherches expérimentales sur les lois de la résistance des fluides. Paris 1842.
13. Poiseuille, Ann. de chim. phys. 21. 1847.
14. De Saint Venant, Formules et Tables nouvelles pour la solution des problèmes relatives aux eaux courantes. Paris 1851.
15. Hagen, Über den Einfluß der Temperatur auf die Bewegung des Wassers in Röhren. Berlin 1854.
16. Dupuit, Traité théorique et pratique de la conduite et de la distribution des eaux. Paris 1854.
17. Darcy, Recherches expérimentales relatives au mouvement de l'eau dans les tuyeaux. Paris 1857.
18. Hagenbach, Über die Bestimmung der Zähigkeit einer Flüssigkeit durch den Ausfluß von Röhren. Ann. d. Phys. u. Chem. 1860.
19. Weisbach, Ausflußversuche unter hohem Druck. Zivilingenieur 1855/59/63.
20. — Lehrbuch der Ingenieur- und Maschinenmechanik. Braunschweig 1862.
21. Hagen, Über die Bewegung des Wassers in zylindrischen, nahe horizontalen Leitungen. Berlin 1870.
22. Moseley, Phil. Mag. 42, 1871 u. 44, 1872.
23. Lampe, Allgemeine Bemerkung über die Bewegung des Wassers in Röhren. Separatabdruck aus den Schriften der naturforschenden Gesellschaft. Danzig 1872.
24. Kleitz, Etudes sur les forces moléculaires dans les liquides en mouvement. Paris 1873.
25. Grashof, Hydraulik nebst mechan. Wärmetheorie. 1875.
26. Iben, Druckhöhenverluste in geschlossenen eisernen Rohrleitungen. Hamburg 1880.
27. Stockalper, L'écoulement de l'air comprimé en longues conduites métalliques. Rev. univ. des mines 1880/81.
28. Frank, Die Formeln über die Bewegung des Wassers in Röhren. Zivilingenieur 1881.
29. Devillez, Traité élémentaire de la chaleur. Bd. 1. Mons 1881.
30. Reynolds, The law of resistance in parallel Channels. Phil. Transact. of the R. Society of London. 1883.
31. Lamb-Reiff, Einleitung in die Hydrodynamik. Tübingen 1884.
32. Hamilton Smith-Wehage, Über den Leitungswiderstand von Röhren. Dingl. polyt. Journ. 1884, S. 252.
33. Hamilton Smith, Hydraulics. London 1886.
34. Althans, Physikalische Untersuchungen an einem Gasometer der städtischen Gasanstalt zu Breslau. Anlagen zum Hauptbericht der preußischen Schlagwetterkommission. Bd. V. 1887.
35. Meißner, Über die Wirksamkeit der Schreider- und Luttenventilation. Zeitschr. f. Berg-, Hütten- u. Salinenwesen 1890.
36. Ledoux, Etudes sur les pertes de charge de l'air comprimé et de la vapeur dans les tuyaux de conduite. Ann. d. min. 1892. II.
37. Lorenz, Die Spannungsverluste in langen Druckluftleitungen. Neue Versuche über Spannungsverluste in Druckluftleitungen. Zeitschr. d. Vereins deutsch. Ing. 1892.

38. Flamant, Etudes sur les Formules de l'Ecoulement de l'eau dans les tuyaux de conduits. Ann. des ponts et chaussées. 1892. 7. Ser. Tom. IV.
39. Keck, Vorträge über Mechanik. II. Teil. Hannover 1897.
40. Wien, Hydrodynamik. Leipzig 1900.
41. Föppl, Vorlesungen über technische Mechanik. Vierter Band. Leipzig 1901.
42. Duhem, Recherches sur l'hydrodynamique. Paris 1903.
43. Christen, Das Gesetz der Translation des Wassers. Leipzig 1903.
44. Aug. V. Saph and E. H. Schoder, An experimental study of the resistance of the flow of water in pipes. Transactions, American Society of Civil-Ingenieers Pap. 944. Bd. 51. 1903.
45. Auerbach, Hydrodynamik. Winkelmanns Handbuch der Physik 1903, Bd. I, Teil II.
46. Rietschel, Versuche über den Widerstand bei Bewegung der Luft in Rohrleitungen. Gesundheitsingenieur 1905.
47. Brabbée, Die Lüftungsanlagen beim Bau der großen Alpentunnels. Zeitschr. d. österr. Ing.- u. Arch.-Ver. 1905.
48. Biel, Über den Druckhöhenverlust bei der Fortleitung tropfbarer und gasförmiger Flüssigkeiten. Berlin 1907.
49. O. Fritzsche, Untersuchungen über den Strömungswiderstand der Gase in geraden zylindrischen Rohrleitungen. Berlin 1907.
50. Eberle, Versuche über Wärme- und Spannungsverlust bei der Fortleitung gesättigten und überhitzten Wasserdampfes. Julius Springer, Berlin 1909.
51. Nusselt, Der Wärmeübergang in Rohrleitungen. Berlin 1909.
52. Recknagel, Die Berechnung der Rohrweiten bei Schwerkrafts-Warmwasserheizung. Oldenbourg, München u. Berlin 1909.
53. Recknagel, Hilfstabellen zur Berechnung von Warmwasserheizungen. Oldenbourg, München u. Berlin 1909, 1912, 1915.
54. V. Blaeß, Die Strömung in Röhren. Habilitationsschrift. München 1910.
55. Haase, Tabellarische Zusammenstellung der Rohrweiten usw. Oldenbourg, München u. Berlin 1911.
56. H. Lang, Siehe Taschenbuch „Hütte", 21. Auflage, Bd. I, S. 293.
57. Blasius, Das Ähnlichkeitsgesetz bei Reibungsvorgängen. Berlin 1912.
58. Gümbel, Das Problem des Oberflächenwiderstandes. Der Flüssigkeitswiderstand in Röhren, Kanälen und Flüssen. Der Widerstand von Schiffen im Wasser und in der Luft. Schiffbautechnische Gesellschaft. XIV. ordentliche Hauptversammlung. Berlin 1912.
59. Rietschel, Leitfaden zum Berechnen und Entwerfen von Lüftungs- und Heizungsanlagen, V. Auflage. Julius Springer, Berlin 1913. (Im folgenden kurz „Leitfaden" genannt.)
60. Mitteilungen der Prüfanstalt für Heizungs- und Lüftungseinrichtungen: Heft 5.
    14. Mitteilung: Reibungswiderstände in Warmwasserheizungen.
    15. Mitteilung: Einzelwiderstände in Warmwasserheizungen. Verlag R. Oldenbourg, München u. Berlin 1913.
61. Ombeck, Druckverlust strömender Luft in geraden zylindrischen Rohrleitungen. Dissertation. Darmstadt 1913.
62. Brabbée-Wierz, Vereinfachtes Verfahren zur zeichnerischen oder rechnerischen Bestimmung der Rohrleitungen von Niederdruckdampfheizungen. 16. Mitteilung der Prüfanstalt. Verlag R. Oldenbourg, München u. Berlin 1914.
63. Brabbée-Bradtke, Vereinfachtes zeichnerisches oder rechnerisches Verfahren zur Bestimmung der Rohrleitungen von Lüftungs- und Luftheizanlagen. 21. Mitteilung der Prüfanstalt. Verlag R. Oldenbourg, München u. Berlin 1915.
64. Brabbée-Wierz, Vereinfachtes zeichnerisches oder rechnerisches Verfahren zur Bestimmung der Durchmesser von Dampfleitungen. 23. Mitteilung der Prüfanstalt. Verlag R. Oldenbourg, München u. Berlin 1915.
65. Guilleaume, Die Wärmeausnutzung neuerer Kraftwerke. Ztschr. d. Ver. dtsch. Ing. 1915.
66. Roose, Zahlentafeln zur Bemessung von Niederdruckdampf- und Hochdruckdampfleitungen. Selbstverlag, Charlottenburg 1915.
67. Luedecke, Bewegung des Wassers in Wasserleitungsrohren. Zeitschr. „Der Kulturtechniker". 1915.
68. Hüttig, Heizungs- und Lüftungsanlagen in Fabriken. Leipzig 1915.
69. Tichelmann, Zeitschr. „Gesundheits-Ingenieur". 1911, 1916.
70. Nußelt, Zeitschr. „Gesundheits-Ingenieur". 1917.
71. Zaruba, Zeitschr. „Gesundheits-Ingenieur". 1917.

Zusammenstellung der vorkommenden Bezeichnungen[1].

H der wirksame Druck in kg/m² (mm WS von 4° C),
R der Reibungswiderstand in kg/m² für 1 m Rohr,
l die Rohrlänge in m,
Z die Summe der Einzelwiderstände in kg/m²,
h die lotrechte Höhe gegeneinander wirkender Flüssigkeitssäulen in m,
t die Temperatur der Flüssigkeit in ° C,
t' die Temperatur der aufsteigenden Flüssigkeit in ° C,
t'' die Temperatur der abfallenden Flüssigkeit in ° C,
$t' - t''$ das Temperaturgefälle in ° C,
γ das Einheitsgewicht der Flüssigkeit in kg/m³,
γ' das Einheitsgewicht der Flüssigkeit im aufsteigenden Rohr in kg/m³,
γ'' das Einheitsgewicht der Flüssigkeit im abfallenden Rohr in kg/m³,
p_2 der Druck am Anfang einer Teilstrecke in kg/m²,
p_1 der Druck am Ende einer Teilstrecke in kg/m²,
v die mittlere Stromgeschwindigkeit in m/s,
d der lichte Rohrdurchmesser in mm,
D der äußere Rohrdurchmesser in mm,
a, n, m Beiwerte bzw. Exponenten,
ζ die Widerstandszahl,
g die Beschleunigung der Schwere in m/s²,
Q die stündliche Flüssigkeitsmenge in kg,
Q_2 die stündliche Flüssigkeitsmenge am Anfang einer Teilstrecke in kg,
Q_1 die stündliche Flüssigkeitsmenge am Ende einer Teilstrecke in kg,
A ein Zahlenwert,
$\left.\begin{array}{l} B_2 = p_2^{1,9375} \\ B_1 = p_1^{1,9375} \end{array}\right\}$ für Dampfleitungen,
q die dem Wärmeverlust entsprechende Dampfmenge in kg/h, bezogen auf 1 m Rohr,
W die geförderte Wärmemenge in WE/h,
w die Wärmeverluste in WE/h, bezogen auf 1 m Rohr.

---

[1]) Nach den Bestimmungen des „Ausschusses für Einheiten und Formelgrößen". Januar 1915.

Einleitung.

Im Jahre 1910 begann die Prüfanstalt ihre Arbeiten über die „Reibungs- und Einzelwiderstände in Warmwasserheizungen“[1]). Die erhaltenen Versuchsergebnisse ermöglichten es, ein vereinfachtes Verfahren für die Berechnung von Warmwasserheizungen zu entwickeln, das in die 5. Auflage des „Leitfadens“[2]) aufgenommen wurde. Weitere Studien führten dazu, ein ähnliches Rechenverfahren für die Bestimmung der Rohrnetze von Lüftungs- und Luftheizanlagen zu schaffen, worüber in der 21. Mitteilung der Prüfanstalt[3]) berichtet wurde. Schließlich gelang es auch, die Behandlung der Hochdruck- und Niederdruck-Dampfheizungen auf die gleiche Grundlage zu stellen. Die bezüglichen Forschungen enthält die 23. Mitteilung der Prüfanstalt[4]).

Alle bisher nach den gegebenen Behelfen berechneten Anlagen haben sich im praktischen Betriebe vollkommen bewährt, so daß dazu geschritten werden konnte, eine zusammenfassende Darstellung des Rechenverfahrens zu geben. Aus ihr zeigt sich klar, daß es gelungen ist, die Berechnung sämtlicher Rohrnetze der Heiz- und Lüftungstechnik auf einheitlicher Grundlage aufzubauen, was aus wissenschaftlichen, pädagogischen und praktischen Gründen wünschenswert erschien.

Wie bereits erwähnt, beschränkt sich die vorliegende Arbeit auf die Wiedergabe der theoretischen Ableitungen in knappster Form und auf die Durchrechnung einfachster Beispiele. Dies war mit Rücksicht darauf geboten, daß vor allem ein für den praktischen Gebrauch handliches Werk geschaffen werden sollte. Fußnoten weisen überall auf die Veröffentlichungen hin, in denen die mathematischen Entwicklungen ungekürzt dargestellt sind und verwickeltere Beispiele durchgearbeitet erscheinen.

Die in den vorerwähnten Abhandlungen enthaltenen „Hilfsblätter“ zur zeichnerischen Bestimmung der Rohrleitungen sind nicht übernommen worden, da die Erfahrung gezeigt hat, daß unsere heutige Praxis die Zahlentafeln lieber verwendet. Jene Ingenieure, die das zeichnerische Verfahren im allgemeinen oder für bestimmte Zwecke vorziehen, finden die entsprechenden Hilfsblätter in den jeweils angezogenen Veröffentlichungen.

---

1) Mitteilungen der Prüfanstalt für Heizungs- und Lüftungseinrichtungen. Heft 5. 14. Mitteilung: Reibungswiderstände in Warmwasserheizungen; 15. Mitteilung: Einzelwiderstände in Warmwasserheizungen. R. Oldenbourg, München-Berlin 1913.

2) H. Rietschel, Leitfaden zum Berechnen und Entwerfen von Lüftungs- und Heizungsanlagen. 5. Aufl. Julius Springer, Berlin 1913.

3) Brabbée - Bradtke, Vereinfachtes zeichnerisches oder rechnerisches Verfahren zur Bestimmung der Rohrleitungen von Lüftungs- und Luftheizanlagen. R. Oldenbourg, München-Berlin 1915.

4) Brabbée - Wierz, Vereinfachtes zeichnerisches oder rechnerisches Verfahren zur Bestimmung der Durchmesser von Dampfleitungen. R. Oldenbourg, München-Berlin 1915.

Die Lösung der gestellten Aufgabe wird, den berechtigten Gepflogenheiten der Praxis entsprechend, stets in doppelter Hinsicht ermöglicht. Die gegebenen Behelfe dienen dazu:

1. die „Annahme der Rohrleitungen für den Kostenanschlag"[1]), ohne jede zeitraubende Nebenrechnung, fast unmittelbar durchzuführen und
2. die „Nachrechnung der Rohrleitung für die Ausführung"[2]) in einfachster Weise zu bewerkstelligen.

Es unterliegt keinem Zweifel, daß sich das hier gegebene Rechenverfahren in gleicher Weise auf die Behandlung irgendwelcher anderer Rohrnetze, z. B. für Preßluft, Druckwasser, Späneabsaugung, Gas usw., sinngemäß übertragen läßt.

---

[1]) Im nachstehenden kurz „Annahme" bezeichnet.

[2]) Im nachstehenden kurz „Nachrechnung". bezeichnet.

In der Abhandlung sind, soweit als irgend möglich, fremdsprachige Fach ausdrücke durch deutsche Bezeichnungen ersetzt worden.

1. Abschnitt.

Allgemeine Theorie.

Die allgemeine Gleichung zur Bestimmung der Durchmesser irgendeines Rohrnetzes lautet:

$$H \geqq \Sigma (l\,R + Z) \tag{1}$$

Hierin bedeutet:

H den wirksamen Druck in kg/m² (mm WS von 4° C),
R den Reibungswiderstand, bezogen auf 1 m Rohr in kg/m² (mm WS von 4° C),
l die Rohrlänge in m,
Z die Summe der Einzelwiderstände in kg/m² (mm WS von 4° C).

Gleichung (1) besagt: Der wirksame Druck muß gleich oder größer sein als die Summe der in allen Teilstrecken auftretenden Reibungs- und Einzelwiderstände. Unter Teilstrecke wird dabei jede Rohrleitung verstanden, in der Durchmesser und Flüssigkeitsmenge [und Abkühlungsverhältnisse[1])] ungeändert bleiben.

I. Der wirksame Druck *H*.

Der wirksame Druck tritt bei allen Heizarten:

1. entweder als der zu berechnende Gewichtsunterschied zweier Flüssigkeitssäulen oder
2. als gegebene Größe auf.

Zu 1. Betrachten wir z. B. ein Stück einer durch die Wirkung der Schwerkraft betriebenen Wasserheizung (Abb. 1), so erkennen wir folgendes:

Im Vorlauf V steigt das Wasser vom Einheitsgewicht γ' (kg/m³) auf, während es im Rücklauf R mit dem Einheitsgewicht γ'' (kg/m³) abwärtsfließt. Der wirksame Druck ist

$$H = h\,(\gamma'' - \gamma')\,,^{2)} \tag{2}$$

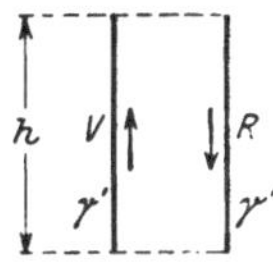

Abb. 1.

worin h (in m) die lotrechte Höhe der gegeneinander wirkenden Flüssigkeitssäulen bedeutet. Der wirksame Druck H ergibt sich dann in kg/m² (mm WS von 4° C).

Zu 2. Denken wir z. B. an eine Niederdruckdampfheizung, die mit einem Überdruck von 0,1 at betrieben werden soll, so ist

$$H = 1000 \text{ kg/m}^2 = 1000 \text{ mm WS}.$$

---

1) Bei Berücksichtigung der Wärmeverluste der Rohrleitung.
2) S. a. Nußelt, Gesundheits-Ingenieur 1917.

Der wirksame Druck kann auch als Verbindung der unter 1. und 2. besprochenen Fälle auftreten. Wird z. B. bei einer Pumpenheizung der Betriebsdruck festgesetzt und erfordern die Verhältnisse auch eine Berücksichtigung der durch die Schwerkraftswirkung entstehenden Drücke, so ist H als Summe der nach 1. bzw. 2. anzusetzenden Drücke zu bestimmen.

II. Der Reibungswiderstand R.

Für die durchzuführenden Betrachtungen ist es am zweckmäßigsten, den Reibungswiderstand R wie folgt auszudrücken:

$$R = \frac{p_2 - p_1}{l} = a \frac{v^n}{d^m} . \tag{3}$$

Hierin bedeutet:

p_2 den Druck am Anfang einer Teilstrecke in kg/m^2 (mm WS),
p_1 den Druck am Ende einer Teilstrecke in kg/m^2 (mm WS),
l die Länge der Teilstrecke in m,
v die mittlere Stromgeschwindigkeit in der Teilstrecke in m/s,
d den lichten Durchmesser der Teilstrecke in mm,
a einen Beiwert,
n und m gebrochene Exponenten.

Der Beiwert a ist vom Einheitsgewicht der Flüssigkeit γ und von ihrer Zähigkeit η abhängig.

III. Die Einzelwiderstände Z.

Die Einzelwiderstände lassen sich stets in der Form darstellen:

$$Z = \Sigma \zeta \frac{v^2}{2g} \gamma \tag{4}$$

Hierin bedeutet, außer den bereits bekannten Bezeichnungen:

ζ die Widerstandszahl,
g die Beschleunigung der Schwere in m/s^2.

Es sei besonders bemerkt, daß die Untersuchungen der Prüfanstalt zu einer völlig anderen Bewertung der Einzelwiderstände geführt haben. Während früher ihr Anteil an dem Gesamtwiderstand des Rohrnetzes zu etwa 15 bis 25 v. H. geschätzt wurde, gelang es nachzuweisen, daß dieser Einfluß für gewöhnliche Wasser- und Dampfheizungen, d. i. Rohrleitungen zwischen 11 und 290 mm l. W., rund 50 v. H. beträgt. Mit zunehmender Rohrweite steigt der Anteil der Einzelwiderstände weiter und wird z. B. für Luftleitungen von etwa 500 mm l. W. mit 80 v. H. und für Rohre von etwa 1000 mm l. W. mit 90 v. H. angenommen werden müssen.

Zu den Formeln (1) bis (4) tritt als Bestimmungsgleichung die aus der Stetigkeitsbedingung sich ergebende Beziehung:

$$Q = 3600 \cdot 10^{-6} \frac{d^2 \pi}{4} \gamma v , \tag{5}$$

worin Q die stündliche Flüssigkeitsmenge in kg bedeutet.

2. Abschnitt.

Warmwasserheizung.

A. Schwerkrafts-Warmwasserheizung. Zweirohranlagen.

Die Hilfstafeln I und II (Streifband A).

I. Ohne Berücksichtigung der Wärmeverluste der Rohrleitung.

a) Der wirksame Druck.

Zu seiner leichten Bestimmung nach Gleichung (2) dient die Zahlentafel 16 des „Leitfadens", die die γ-Werte für Zehntelgrade zwischen 40 und 100° C enthält[1]). Für alle gewöhnlichen Fälle wird mit noch größerem Vorteil die Zahlentafel 17 des „Leitfadens" benutzt werden können, in der für die üblichen Steigstrang- und beliebige Fallstrangtemperaturen die Druckhöhen für je 1 m lotrechter Höhe unmittelbar angegeben sind. Die Bestimmung der Höhe H in den verschiedenen Fällen zeigen die später durchgerechneten Beispiele.

b) Die Reibungs- und Einzelwiderstände.

Mehr als 300 Versuche an Verbandsrohren ergaben, entsprechend der Gleichung (3), folgendes:

$$R = \frac{p_2 - p_1}{l} = 2570 \frac{v^{1,84}}{d^{1,26}} \text{ für Muffenrohre} \tag{6}$$

und

$$R = \frac{p_2 - p_1}{l} = 4920 \frac{v^{1,80}}{d^{1,37}} \text{ für Flanschenrohre.} \tag{7}$$

Über diese Untersuchungen ist in der 14. und 15. Mitteilung der Prüfungsanstalt[2]) eingehend berichtet. Bei jenen Arbeiten gelang es gleichzeitig, die in der Gleichung (4) auftretenden Widerstandszahlen ζ für die wichtigsten Einzelwiderstände zu bestimmen.

Für Wasserheizungen nimmt Gleichung (5) die Form an:

$$v = \frac{W}{Ad^2(t' - t'')}\,, \tag{8}$$

worin bedeutet:

W die Wärmeleistung des Heizkörpers in WE/h,

t' die Temperatur des in den Heizkörper eintretenden Wassers in ° C,

t'' die Temperatur des aus dem Heizkörper austretenden Wassers in ° C,

$t' - t''$ das der Berechnung der Anlage zugrunde gelegte Temperaturgefälle der Heizkörper,

A eine Zahl, u. zw. für Niederdruck-Warmwasserheizungen: $A = 2\,753\,700$, für Mitteldruck-Warmwasserheizungen: $A = 2\,711\,600$.

---

[1]) Das Wort „Tabelle" des „Leitfadens" ist in der vorliegenden Abhandlung überall durch „Zahlentafel" ersetzt worden. Aus Gründen, auf die näher einzugehen zu weit führen würde, ist es unmöglich, die angezogenen Zahlentafeln des „Leitfadens" in die „Rohrnetzberechnungen" zu übernehmen,

[2]) Verlag R. Oldenbourg, München-Berlin 1913.

Die Gleichungen (5), (6), (7) und (8) wurden nun derart zu einer Hilfstafel[1]) verbunden, daß diese enthält:

auf dem rechten Tafelteil:
die Reibungsverluste R für 1 m Rohr in mm WS,
die Rohrdurchmesser von 11 bis 290 mm l. W.,
die zu fördernden Wärmemengen in WE/h (unter I),
die mittleren Stromgeschwindigkeiten in m/s (unter II);

auf dem linken Tafelteil:
die mittleren Stromgeschwindigkeiten in m/s,
die Einzelwiderstände Z in mm WS, und zwar für alle Werte $\Sigma\zeta = 1$ bis 15,
die Widerstandszahlen ζ für die wichtigsten Einzelwiderstände.

Zu letzteren ist zu bemerken: Die angegebenen ζ-Werte für die T-Stücke gelten nur unter der Voraussetzung, daß in den Formstücken keine wesentlichen Geschwindigkeitsumsetzungen auftreten — eine Annahme, die für alle gewöhnlichen Fälle mit genügender Genauigkeit zulässig erscheint. Für besondere Fälle wird auf die Zahlentafeln 21 IIIa und 21 IIIb des „Leitfadens" zurückgegriffen werden müssen.

Es ist bisher nicht gelungen, den Einfluß der Zähigkeit bei der Bewegung heißen Wassers in rauhen Rohren auf Grund experimenteller Untersuchungen theoretisch einwandfrei zu fassen. Auch die hier bzw. in der 14. und 15. Mitteilung der Prüfanstalt gegebenen Gleichungen können, da sie aus den Versuchen empirisch entwickelt sind, keine allgemeine Lösung der Aufgabe darstellen. Die Formeln berücksichtigen aber, innerhalb der in Frage kommenden Grenzen, die durch die Untersuchungen festgestellten Einflüsse in einfacher, für die Praxis völlig ausreichender Weise. Es ist festzustellen, daß es auf diese Weise gelungen ist, ein sehr handliches Verfahren für die Berechnung der Warmwasserheizungen zu gewinnen, daß Hunderte danach ausgeführter kleinster und größter Anlagen in jeder Beziehung einwandfrei arbeiten und daß die nach den gegebenen Behelfen berechneten Rohrnetze die geringsten Kosten erfordern.

c) Anwendung der Hilfstafel I bzw. III.[2])

(Im Streifband A.)

Die Hilfstafel I ist für ein Temperaturgefälle von 1° C, die Tafel III für ein solches von 20° C entworfen worden. Für alle gewöhnlichen Fälle, bei denen mit dem letztgenannten Gefälle gearbeitet wird, kann Hilfstafel III sofort benutzt werden. Ist dagegen ein anderes Temperaturgefälle, z. B. mit t° C gegeben, so sind die durch die einzelnen Teilstrecken zu fördernden Wärmemengen zunächst durch t zu dividieren; hierauf kann die Hilfstafel I unmittelbar verwendet werden.

1. Annahme der Rohrleitung zur Herstellung des Kostenanschlages.

Begonnen wird mit dem ungünstigsten Stromkreis, dessen Gesamtlänge L zu bestimmen ist.

Die wirksame Druckhöhe ist nach Zahlentafel 16 bzw. 17 des „Leitfadens" zu bilden. Von ihr ist der Anteil der Einzelwiderstände nach Zahlentafel 20

---

[1]) Siehe Hilfstafel I im Streifband A.

[2]) Für jene Ingenieure, die das zeichnerische Verfahren vorziehen, sind die Hilfsblätter I und III im „Leitfaden" II. Teil aufgestellt worden. — Sie enthalten alle Angaben der Hilfstafeln I und III und sind sinngemäß in gleicher Weise zu verwenden.

des „Leitfadens" abzuziehen. Der Rest wird durch L dividiert, wodurch der Druckabfall für 1 m Rohr $= R$ erhalten wird[1]). Dieser Wert R ist in der Hilfstafel I bzw. III aufzusuchen, worauf man, in derselben Wagerechten fortschreitend, über der jeweilig zu fördernden Wärmemenge sofort den zu wählenden Rohrdurchmesser abliest. Sinngemäß werden die anderen Stromkreise behandelt.

2. Nachrechnung der Rohrleitung für die Ausführung.

Zuerst werden, unter Benutzung der linken, unteren Hälfte der Hilfstafel, die Werte $\Sigma\zeta$ für jede Teilstrecke bestimmt. Hierauf geht man von dem gewählten Durchmesser aus und sucht lotrecht unter ihm die zu fördernde Wärmemenge, bzw. den nächstgelegenen Wert auf, wozu die in den Zeilen I stehenden Werte zu benutzen sind. (Wenn nötig interpolieren.) Wagerecht nach links schreitend wird in der ersten Spalte der Wert R gefunden, der mit der Länge der Teilstrecke zu multiplizieren ist. Unmittelbar unter den in der Spalte I stehenden Wärmemengen findet man in den Zeilen II die jeweils herrschende Wassergeschwindigkeit. Ihr Wert wird in die erste Spalte der linken Tafelseite übertragen und unter dem betreffenden Wert $\Sigma\zeta$ der zugehörige Einzelwiderstand unmittelbar erhalten.

Die Summe $(l\,R + Z)$, gebildet für alle Teilstrecken eines Stromkreises, muß kleiner oder höchstens gleich der in diesem Kreis zur Verfügung stehenden Druckhöhe sein. Ist dies nicht der Fall, so müssen einzelne Teilstrecken so lange geändert werden, bis vorstehende Bedingung erfüllt ist.

II. Berücksichtigung der Wärmeverluste der Rohrleitung.

Man könnte die Wärmeverluste der Rohrleitung vernachlässigen, wenn die Wirkung der Abkühlung „vom Kessel bis zum Eintritt in alle Heizkörper" und „vom Austritt aller Heizkörper bis zum Kessel" gleich wäre. Da dies in den allermeisten Fällen keineswegs zutrifft, kann man von der erwähnten Vereinfachung keinen Gebrauch machen. Wie Beispielsrechnungen zeigten, bewirken die Wärmeverluste bei „unterer Verteilung" eine Verkleinerung der Umtriebskräfte, die jedoch nicht wesentlich ist und mit Rücksicht auf die vielen anderen, nicht rechnerisch verfolgbaren Einflüsse, vernachlässigt werden kann.

Bei „oberer Verteilung" hingegen werden die Auftriebskräfte, unter Berücksichtigung der Wärmeverluste, erheblich größer als jene Werte, die unter Vernachlässigung dieser Verluste erscheinen. Das einfachste zurzeit bekannte Verfahren, die Wärmeverluste der Rohrleitung zu berücksichtigen, ist im folgenden erörtert.

1. Annahme der Rohrleitung für den Kostenanschlag.

Zur überschlägigen Bestimmung des tatsächlichen Betrages der Druckhöhe dient die Zahlentafel 18 des „Leitfadens", aus welcher für die wichtigsten praktisch vorkommenden Fälle die durch die Wärmeverluste entstehende „zusätzliche Druckhöhe" sofort entnommen werden kann. Dabei ist nicht zu übersehen, daß bei Berücksichtigung dieser Verluste eine Vergrößerung der Heizflächen vorzunehmen ist, worüber ebenfalls die Zahlentafel 18 des „Leitfadens" Aufschluß gibt. Ist die Gesamtdruckhöhe jedes Stromkreises bestimmt, so erfolgt die Annahme der Rohrleitung genau so wie unter I c 1 (siehe S. 6).

[1]) Es ist natürlich auch ohne weiteres möglich, eine andere als die hier gewählte gleichmäßige Aufteilung des Druckverlustes durchzuführen.

2. Nachrechnung der Rohrleitung für die Ausführung.

Für diesen Fall gilt, wie bereits erwähnt, als „Teilstrecke“ jede Rohrstrecke, in der sich weder der Durchmesser noch die Wärmemenge noch die Abkühlungsverhältnisse ändern.

Da durch die „Annahme“ die Rohrleitungen bekannt sind, läßt sich für jede Teilstrecke der Wärmeverlust genau berechnen und daraus die Wasserauskühlung wie folgt finden:

$$\vartheta = \frac{l f k (1 - \eta)(t_e - t_z)}{Q}. \tag{9}$$

Es bedeuten:

ϑ die Wasserauskühlung in °C in der Teilstrecke,
fk das Produkt aus der Wärmedurchgangszahl k des nackten Rohres (WE/m², ° C, h) und der Rohroberfläche f (m²) für 1 laufendes Meter. Den Ausdruck fk enthält die Zahlentafel 22 des „Leitfadens“ für alle Rohrweiten,
η den Wirkungsgrad des Wärmeschutzes,
t_e die Eintrittstemperatur des Wassers in die Teilstrecke,
t_a die Austrittstemperatur des Wassers aus der Teilstrecke,
t_z die Temperatur der das Rohr umgebenden Luft, und zwar:
bei frei verlegtem Rohr die Temperatur des bezüglichen Raumes,
bei vor Wärmeverlust geschütztem Rohr in fest verschlossenem Mauerschlitz $t_z = 35°$ C,
bei nicht vor Wärmeverlusten geschütztem Rohr in fest verschlossenem Mauerschlitz $t_z = 45°$ C,
Q die durch die Teilstrecke fließende Wassermenge in kg/h.

Die Durchführung dieser Berechnung erfolgt am besten unter Benutzung folgenden Vordruckes:

Nr.	Q	l	d	fk	lfk	$1-\eta$	t_e	t_z	$t_e - t_z$	ϑ	t_a	t_m	h'

worin $t_m = \frac{t_e + t_a}{2}$ ist, und h' die auf die Teilstrecke bezogene Druckhöhe in mm WS bedeutet. Sie wird durch Multiplikation der lotrechten Teilstreckenhöhe mit dem Wert $(\gamma_m - \gamma')$ erhalten. Letzterer ergibt sich aus Zahlentafel 17 des „Leitfadens“, zugehörig: t_m und der Wassertemperatur t' im Steigstrang.

Die Abkühlungsverhältnisse in dem meist sehr gut vor Wärmeverlusten geschützten Steigstrang und in der Rücklaufsammelleitung können unter gewöhnlichen Umständen vernachlässigt werden.

Die weitere Berechnung vollzieht sich unter Benutzung der Hilfstafel I bzw. III genau so, wie dies vorstehend unter I c 2 (s. S. 7) besprochen wurde. Bei der etwaigen Änderung einzelner Teilstrecken wird möglichst darauf Bedacht zu nehmen sein, daß durch diese Änderung die Gesamtdruckhöhe nicht mehr wesentlich beeinflußt wird. Da bei der Nachrechnung alle Wassertemperaturen genau ermittelt werden, sind hiermit auch die Grundlagen für die endgültige Größenbemessung der Heizkörper gegeben.

B. Schwerkrafts-Warmwasserheizung. Einrohranlagen.

I. Ohne Berücksichtigung der Wärmeverluste.

a) Wirksamer Druck.

1. Berechnung der Temperaturen.

In Abb. 2 ist:

$$t' = t_4 = t_5 = t_6{}^{1)},$$
$$t'' = t_3\,,$$
$$t_8 = t_9\,.$$

Das Temperaturgefälle ($\varDelta H$) der Heizkörper wähle man, um die Heizflächen auf ein Mindestmaß zu bringen, klein, jedoch muß

$$\varDelta H \gg \frac{W_H}{\Sigma W}(t' - t'') \text{ sein.}$$

Falls man (wie üblich) das Temperaturgefälle für alle Heizkörper desselben Stranges gleich groß wählt, bedeutet:

W_H die größte Heizkörperleistung im Strang,
ΣW die Gesamtleistung des Stranges.

Falls man (wie dies z. B. für Ausnahmefälle wünschenswert sein kann) den Heizkörpern desselben Stranges verschiedene Temperaturgefälle gibt, bedeutet:

W_H die jeweilige Heizkörperleistung,
ΣW die Gesamtleistung des Stranges.

Unbekannt ist noch die Mischtemperatur t_8.

Sie wird wie folgt gefunden:

$$W_1 + W_2 = \Sigma W = Q\,(t' - t'')\,,$$
$$W_2 = Q\,(t' - t_8)\,,$$
$$W_1 = Q\,(t_8 - t'')\,.$$

Hiernach ergibt sich:

$$t_8 = t'' + \frac{W_1}{Q} \text{ oder } t_8 = t' - \frac{W_2}{Q}\,. \qquad (10)$$

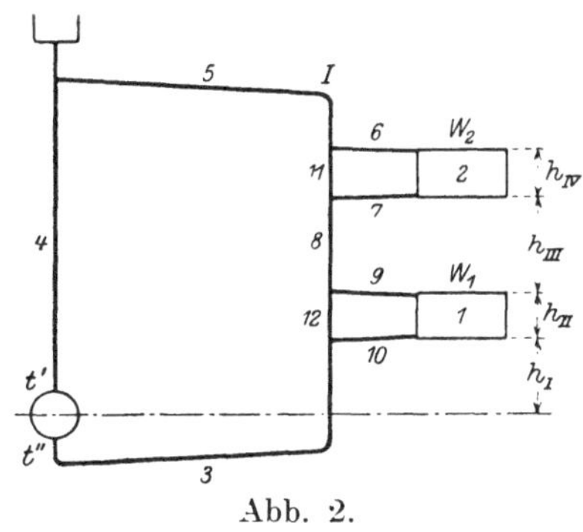

Abb. 2.

Auf diese Weise werden die Temperaturen aller Teilstrecken bestimmt.

2. Ermittlung des wirksamen Druckes.

α) Für den Stromkreis des Fallstranges I:

$$H = h_I(\gamma'' - \gamma') + h_{II}(\gamma_1 - \gamma') + h_{III}(\gamma_8 - \gamma') + h_{IV}(\gamma_2 - \gamma'). \qquad (11)$$

Darin bedeutet z. B.:

γ'' das Einheitsgewicht (kg/m³) des Wassers der Temperatur t'',
γ_1 „ „ „ „ „ „ „ t_1, d. i. der im Heizkörper 1 herrschenden mittleren Wassertemperatur,
γ_8 das Einheitsgewicht (kg/m³) des Wassers der Temperatur t_8, d. i. der in der Teilstrecke 8 herrschenden Wassertemperatur usw.

---

[1]) Die Indizes der Temperaturen entsprechen den bezüglichen Teilstreckennummern.

Die Ausdrücke

$$h_I(\gamma'' - \gamma'),$$
$$h_{II}(\gamma_1 - \gamma') \quad \text{usw.}$$

werden am einfachsten unter Zuhilfenahme der Zahlentafel 17 des „Leitfadens" bestimmt.

β) Für den Stromkreis (z. B.) des Heizkörpers 1:

$$H = h_{II}(\gamma_1 - \gamma_{12}) + (lR + Z)_{12} \tag{12}$$

Hier tritt der Gesamtwiderstand im Kurzschlußrohr 12 als „zusätzlicher wirksamer Druck" auf.

b) Annahme und Nachrechnung der Rohrleitung.

Der jeweils zur Verfügung stehende Druck ist nun bekannt, so daß die Annahme und Nachrechnung der Rohrleitung genau wie bei der Zweirohranlage unter I c 1, 2 (s. S. 6 u. f.) erfolgen kann.

II. Berücksichtigung der Wärmeverluste.

Auch für diesen Fall können die bei der Berechnung der Zweirohranlage gemachten Überlegungen sowohl bei der Bestimmung der Rohrleitungen und Heizkörper für den Kostenanschlag, als auch bezüglich der Nachrechnung der Rohrleitung und Heizflächen für die Ausführung sinngemäße Anwendung finden. Jedoch ist hinsichtlich der Benutzung der Zahlentafel 18 des „Leitfadens" zu bemerken, daß die Heizkörper durch die Fallstränge ersetzt werden. Es sind daher jene Werte der Zahlentafel zu nehmen, die dem mittelsten Heizkörper des Stranges entsprechen. Das ist jener Heizkörper, der zwischen dem Kessel und dem obersten Heizkörper lotrecht etwa in der Mitte liegt. Infolge der bei den Einrohranlagen auftretenden Verhältnisse ist aber, wie auf der Zahlentafel 18 ausdrücklich vermerkt, nur die Hälfte des jeweiligen Tafelwertes anzusetzen.

C. Schnellumlauf-Warmwasserheizung [1].

Die Berechnung einer solchen Anlage unterscheidet sich nur durch die Bestimmung der wirksamen Druckhöhe von den unter A bzw. B besprochenen Fällen. Die bei den einzelnen Ausführungsformen auftretenden Druckhöhen werden in der Regel von den Lizenzträgern den Ausführenden angegeben. Recksche Schnellstromheizungen sind so gebaut, daß als wirksamer Druck annähernd die halbe Höhe des Motorrohres angesetzt werden kann.

Die weitere Durchführung der Rechnung erfolgt, je nachdem Zweirohr- oder Einrohrausführung gewählt ist und je nachdem Berücksichtigung der Wärmeverluste der Rohrleitung gefordert wird oder nicht, nach den unter A I, II bzw. B I, II gegebenen Gesichtspunkten. Zu bemerken ist hierbei nur, daß in gewissen Fällen die Hilfstafeln I bzw. III nicht ausreichen werden, so daß die für Pumpenheizungen aufgestellten Hilfstafeln II bzw. IV (im Streifband A) herangezogen werden müssen.

D. Gewächshausheizung.

Die Gewächshausheizung ist sowohl hinsichtlich der Bestimmung des wirksamen Druckes als auch bezüglich der Anwendung der Hilfstafeln I bzw. III.

[1]) Siehe auch die später folgenden Ausführungen über die Pumpenheizung.

als gewöhnliche Warmwasserheizung zu behandeln. Zu erwähnen ist jedoch, daß die bei dieser Ausführung vorkommenden Heizschlangen nicht einfach mit der aus den Hilfstafeln zu entnehmenden Widerstandszahl $\zeta = 3{,}0$ angesetzt werden dürfen. Diese Sonderheizflächen sind als Rohrleitung aufzufassen und ihr Widerstand w ist nach der Gleichung:

$$w = \Sigma (l R + Z) \tag{13}$$

zu berechnen.

E. Stockwerksheizung.

Bei dieser Heizart entsteht der wirksame Druck ausschließlich durch den Einfluß der Wärmeverluste. Hieraus ergibt sich, daß die Behandlung dieses Falles nach dem unter A II Gesagten zu erfolgen hat. Jedoch wird zur überschlägigen Annahme des wirksamen Druckes nicht die Zahlentafel 18 des „Leitfadens", sondern die im gleichen Werk aufgeführte Zahlentafel 19 benutzt. Im übrigen vollzieht sich die Annahme der Rohrleitung und ihre Nachrechnung sinngemäß nach jenen Regeln, die unter A II entwickelt sind.

F. Pumpenheizung.

Die Hilfstafeln II und IV (Streifband A).

Der wirksame Druck einer Pumpenheizung setzt sich aus dem durch die Pumpe erzeugten Druck H_P (mm WS) und dem durch Schwerkraftswirkung entstehenden Druck H (mm WS) zusammen. Demnach wird der Gesamtdruck H_g (mm WS):

$$H_g = H_P + H\,. \tag{14}$$

In den meisten Fällen kann die Größe H gegen den Wert H_P vernachlässigt werden. Im übrigen gilt auch hier die allgemeine Gleichung (1):

$$H_g \gtreqless \Sigma (lR + Z)\,. \tag{1}$$

Dabei ist zu bedenken, daß sich nunmehr der Stromkreis jedes Heizkörpers bis zur Pumpe erweitert. Da bei der Pumpenheizung wesentlich höhere Wassergeschwindigkeiten als bei der Schwerkraftsheizung vorkommen, wurden für die Berechnung solcher Anlagen die Hilfstafeln II bzw. IV (im Streifband A) geschaffen, die genau wie die Tafeln I bzw. III zu benutzen sind[1]). Bemerkenswert erscheint hier der Einfluß der Einzelwiderstände. Während ihr Anteil bei den eigentlichen Fernleitungen nach Zahlentafel 20 des „Leitfadens" 10 bis 20 v. H. beträgt, wird in Pumpenräumen 70 bis 90 v. H. des Gesamtdruckes für die Überwindung der Einzelwiderstände verbraucht. Es ist daher ein Hauptgewicht darauf zu legen, die Einzelwiderstände im Pumpenhaus durch Anwendung allmählicher Querschnittsänderungen, sanfter Krümmer und Wasserschieber (keine Ventile!) auf ein Mindestmaß herabzudrücken.

Manchmal wird bei Pumpenheizungen die Aufgabe gestellt sein, für eine gegebene Rohrleitung (die z. B. mit Rücksicht auf die einzuhaltende Wassergeschwindigkeit gewählt worden ist) den Pumpendruck zu bestimmen. Es entfällt dann die „Annahme" der Rohrleitung, und der verlangte Pumpendruck ergibt sich, entsprechend dem bei der „Nachrechnung der Anlage" anzuwendenden Verfahren, nach der oben stehenden Gleichung (1).

---

[1]) Zur Durchführung des zeichnerischen Verfahrens dienen die im „Leitfaden" befindlichen Hilfsblätter II und IV.

G. Berechnung von Beispielen.

I. Warmwasserheizung. Zweirohranlage.

Ohne Berücksichtigung der Wärmeverluste.

Beispiel 1. *Voraussetzungen:* Untere Verteilung. Wassertemperatur beim Austritt aus dem Kessel $t' = 80°$ C. Temperaturgefälle der Heizkörper 20° C. Die Anordnung der Rohrleitung geht aus Abb. 3 hervor, das übrige aus den nachfolgenden Zusammenstellungen.

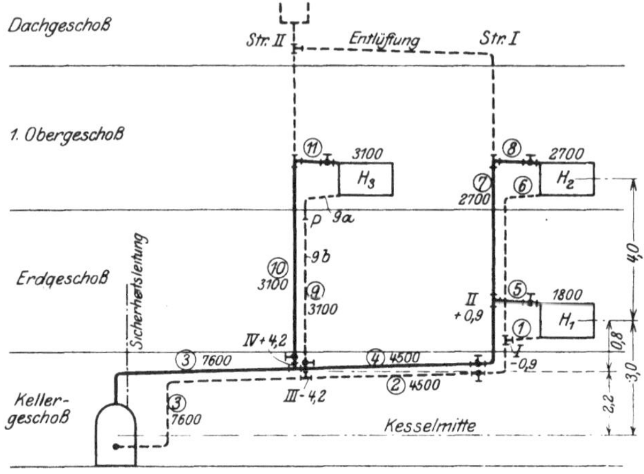

Abb. 3.

Durchrechnung.

1. Annahme der Rohrleitung.

a) Ungünstigster Stromkreis, d. i. Stromkreis des Heizkörpers 1.

Ungünstigster Stromkreis: 1, 2, 3, 4, 5.

Gesamtlänge . . . . = 29 m

Wirksamer Druck (nach „Leitfaden“ Zahlentafel 17) = 3,0 · 11,4 = 34,2 mm WS[1])

Ab für Einzelwiderstände 50 v. H. (nach „Leitfaden“ Zahlentafel 20) . . . . = 17,1 „ „

Verbleiben für Reibung . . . . = 17,1 mm WS

Druckabfall für 1 m Rohr . . . . $= \frac{17,1}{29,0} \sim 0,6$ mm WS/1 m.

Hieraus folgen, unter Benutzung der Hilfstafel III, sofort die „anzunehmenden Durchmesser“ in Spalte d der Zusammenstellung A.

b) Stromkreis des Heizkörpers 2.

1. Art.

Wirksamer Druck = 7,0 · 11,4 . . . . = 80 mm WS

Ab für Einzelwiderstände 50 v. H. . . . . = 40 „ „

Verbleiben für Reibung . . . . = 40 mm WS

Hiervon aufgebraucht für die mit Heizkörper 1 gemeinsamen Teilstrecken 2, 3, 4 von der Gesamtlänge 26 m: 26 · 0,6 . . = 15,6 „ „

Verbleiben für Teilstrecke 6, 7, 8 . . . . = 24,4 mm WS

Gesamtlänge der Teilstrecke 6, 7, 8 . . . . = 11 m

Druckabfall für 1 m Rohr $\frac{24,4}{11}$ . . . . $\sim$ 2,2 mm WS

[1]) Die Tichelmannsche Annahme, daß bei unterer Verteilung für die Bemessung der Grundleitungen statt des lotrechten Abstandes der Kesselmitte von der Mitte des ungünstigsten Heizkörpers die Entfernung der Kesselmitte von der Mitte der Vorlaufleitung zu setzen sei, sichert naturgemäß ein schnelleres „Angehen“ der Anlage. Man erhält aber, falls der Rechnung die für —20° C zu fördernden Wärmemengen zugrunde gelegt werden, ein kostspieligeres Rohrnetz. In ungünstigen Fällen, also dann, wenn die ersten, vielleicht

2. Art.

Man schreibt sich an die Knotenpunkte *I* und *II* (Abb. 3) die dort für die Reibung zur Verfügung stehenden Druckhöhen in folgender Weise hin. In der Heizkörpermitte wird eine Nullebene gedacht. Vom Knotenpunkt *II* bis zur Nullebene ist noch die Teilstrecke 5 zu versorgen. Reibungsdruck dafür 1,5 · 0,6 = 0,9 mm WS. Daher steht bei Knotenpunkt *II* der Betrag + 0,9. Von der Nullebene bis zum Knotenpunkt *I* liegt die Teilstrecke 1. Für sie wird an Reibungsdruck verbraucht 1,5 · 0,6 = 0,9 mm WS. Während nun die Werte, die vor der Nullebene liegen, positiv angesetzt werden, erhalten die nach der Nullebene liegenden Knotenpunkte die betreffenden Reibungswerte negativ angeschrieben. Deshalb steht bei Knotenpunkt *I* die Zahl — 0,9.

Der Unterschied der bei den Knotenpunkten *I* und *II* stehenden Drucke (d. i. + 0,9 — [— 0,9] = 1,8) ist verfügbarer Druck nicht nur für die Teilstrecken 1 und 5, sondern selbstverständlich auch für die Teilstrecken 6, 7 und 8. Daher:

Verfügbarer Reibungsdruck von den Knotenpunkten *I*, *II* aus .		+ 1,8 mm WS
Wirksame Druckhöhe für die Überhöhung des Heizkörpers 2 über 1, d. i. für 4,0 m Höhe = 4,0 · 11,4	= 45,6	
Davon ab 50 v. H. für Einzelwiderstände . . .	= 22,8	
Verbleiben für Reibung	= 22,8	. . + 22,8 mm WS
Zusammen		24,6 mm WS
Gesamtlänge der Teilstrecken 6, 7, 8		= 11 m
Druckabfall für 1 m Rohr $\frac{24,6}{11}$		∼ 2,2 mm WS

Hieraus folgen, unter Benutzung des Hilfsblattes III, sofort die „anzunehmenden Durchmesser" in Spalte d der Zusammenstellung A.

Zusammenstellung A.

Nr. d. Teilstrecke	Wärmemenge Temp.-Gefälle 20° WE	Länge l m	Annahme d mm	Ausführung: ursprüngliche Werte R/1 m mm WS	v[1]) m/s	lR mm WS	$\Sigma\zeta$	Z mm WS	geänderte Werte d mm	R/1m mm WS	v[1]) m/s	lR mm WS	$\Sigma\zeta$	Z mm WS	Unterschied lR $g-n$	Z $i-p$
a	b	c	d	e	f	g	h	i	k	l	m	n	o	p	q	r
Stromkreis des Heizkörpers 1. Wirksamer Druck 34,2 mm WS. Druckabfall für 1 m Rohr 0,6 mm WS.																
1	1800	1,5	20	0,61	0,09	0,9	6,0	2,4	—	—	—	—	—	—	—	—
2	4500	5,5	34	0,25	0,08	1,4	11,0	3,5	—	—	—	—	—	—	—	—
3	7600	15,0	34	0,61	0,12	9,2	6,5	4,7	—	—	—	—	—	—	—	—
4	4500	5,5	34	0,25	0,08	1,4	11,0	3,5	—	—	—	—	—	—	—	—
5	1800	1,5	20	0,61	0,09	0,9	13,5	5,5	—	—	—	—	—	—	—	—
$\Sigma(lR + Z)$ = 13,8 + 19,6 = 33,4 mm WS.																
Stromkreis des Heizkörpers 2. Wirksamer Druck 79,8 mm WS. Druckabfall für 1 m Rohr 2,2 mm WS.																
6	2700	5,5	20	1,4	0,13	7,7	7,0	5,9	—	—	—	—	—	—	—	—
7	2700	4,0	20	1,4	0,13	5,6	1,0	0,9	—	—	—	—	—	—	—	—
8	2700	1,5	20	1,4	0,13	2,1	14,0	11,8	—	—	—	—	—	—	—	—
$\Sigma(lR + Z)$ = 15,4 + 18,6 = 34,0 mm WS.																
Stromkreis des Heizkörpers 3. Wirksamer Druck 79,8 mm WS. Druckabfall für 1 m Rohr 2,7 mm WS.																
9	3100	6,0	20	1,7	0,15	10,2	17,5	19,6	—	—	—	—	—	—	—	—
10	3100	5,5	20	1,7	0,15	9,4	11,5	11,7	—	—	—	—	—	—	—	—
11	3100	1,5	20	1,7	0,15	2,6	14,0	15,7	—	—	—	—	—	—	—	—
$\Sigma(lR - Z)$ = 22,2 + 47,0 = 69,2 mm WS.																

verhältnismäßig hoch stehenden Heizkörper in wagerechter Richtung vom Kessel weit entfernt sind, schützt die Tichelmannsche Annahme vor mancherlei unangenehmen Erscheinungen.

[1]) Die Spalten v können entfallen.

c) Stromkreis des Heizkörpers 3.

1. Art.

Wirksamer Druck	= 79,8 mm WS
Ab für Einzelwiderstände 50 v. H.	= 39,9 „ „
Verbleiben für Reibung	= 39,9 mm WS
Hiervon aufgebraucht für die mit Strang I gemeinsame Teilstrecke von der Gesamtlänge 15,0 m: 15,0 · 0,6	= 9,0 „ „
Verbleiben für Teilstrecke 9, 10, 11	= 30,9 mm WS
Gesamtlänge der Teilstrecken = 13 m	
Druckabfall für 1 m Rohr $\frac{30,9}{13}$	$\simeq$ 2,4 mm WS

Hieraus folgern die anzunehmenden Durchmesser in Spalte d der Zusammenstellung A.

2. Art.

Druck im Knotenpunkt $III = -0,9 - (5,5 \cdot 0,6)$		= − 4,2 mm WS
Druck im Knotenpunkt $IV = +0,9 + (5,5 \cdot 0,6)$		= + 4,2 „ „
Verfügbarer Druck von den Knotenpunkten III und IV her, 4,2 — (— 4,2)		= + 8,4 „ „
Wirksamer Druck für Überhöhung des Heizkörpers 3 über die Knotenpunkte III, IV = 4,8 · 11,4	= 54,7	
Hiervon ab für Einzelwiderstände 50 v. H.	= 27,4	
Verbleiben für Reibung	= 27,4	+ 27,4 mm WS
Zusammen		= 35,8 mm WS
Gesamtlänge der Teilstrecken 9, 10 und 11	= 13 m	
Druckabfall für 1 m Rohr $\frac{35,8}{13}$		$\simeq$ 2,7 mm WS

Hieraus folgern die Durchmesser in Spalte d der Zusammenstellung A.

2. Nachrechnung der Rohrleitung.

a) Stromkreis des Heizkörpers 1.

Ermittlung der Werte $\Sigma\zeta$[1]:

Die Heizkörperanschlüsse seien überall derartig:

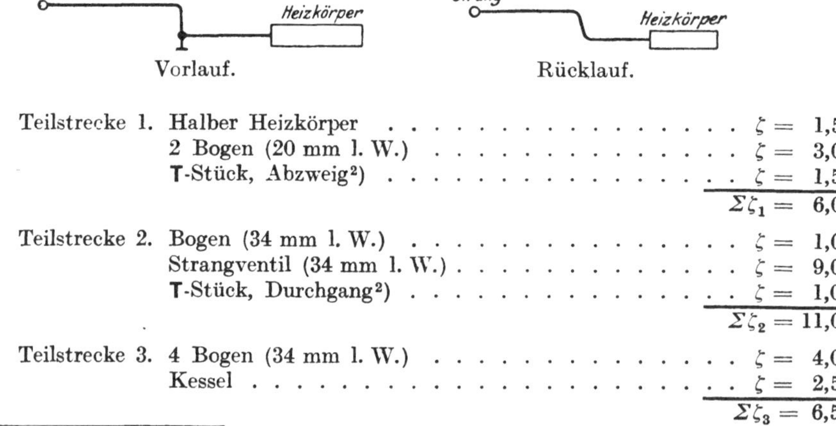

Vorlauf. Rücklauf.

Teilstrecke 1.	Halber Heizkörper	$\zeta = 1,5$
	2 Bogen (20 mm l. W.)	$\zeta = 3,0$
	T-Stück, Abzweig[2])	$\zeta = 1,5$
		$\Sigma\zeta_1 = 6,0$
Teilstrecke 2.	Bogen (34 mm l. W.)	$\zeta = 1,0$
	Strangventil (34 mm l. W.)	$\zeta = 9,0$
	T-Stück, Durchgang[2])	$\zeta = 1,0$
		$\Sigma\zeta_2 = 11,0$
Teilstrecke 3.	4 Bogen (34 mm l. W.)	$\zeta = 4,0$
	Kessel	$\zeta = 2,5$
		$\Sigma\zeta_3 = 6,5$

[1]) Die eingeklammerten Zahlen bedeuten die lichten Weiten der anschließenden Rohre.

[2]) Die T-Stücke sind stets in jener Teilstrecke anzusetzen, in der der Schenkel s und nicht das gemeinsame Stück g sitzt.

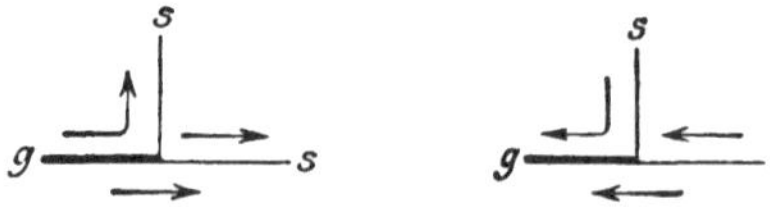

Teilstrecke 4.	T-Stück, Durchgang	$\zeta = 1{,}0$
	Strangventil (34 mm l. W.)	$\zeta = 9{,}0$
	Bogen (34 mm l. W.)	$\zeta = 1{,}0$
		$\Sigma\zeta_4 = 11{,}0$
Teilstrecke 5.	T-Stück, Abzweig	$\zeta = 1{,}5$
	Bogen (20 mm l. W.)	$\zeta = 1{,}5$
	Eckventil mit Voreinstellung (20 mm l. W.)	$\zeta = 9{,}0$
	Halber Heizkörper	$\zeta = 1{,}5$
		$\Sigma\zeta_5 = 13{,}5$

Eintragen der Werte $\Sigma\zeta$ in Spalte h der Zusammenstellung A;
Aufgreifen des gewählten Durchmessers d (aus Spalte d) in der Hilfstafel III;
Aufsuchen: lotrecht unter Durchmesser d und in den Zeilen I die jeweils zu fördernden Wärmemengen (WE aus Spalte b);
Ablesen von R/1 m, eintragen in Spalte e;
Unmittelbar unter den WE stehen in den Zeilen II die Geschwindigkeiten v. Eintragen dieser Werte in Spalte f nicht nötig;
Aufsuchen von v im linken oberen Teil der Hilfstafel III;
Ablesen von Z, zugehörig dem jeweiligen Wert $\Sigma\zeta$ (aus Spalte h) und eintragen in Spalte i;
Rechnen der Werte $l\,R$, eintragen in Spalte g;
Addition der Werte $l\,R + Z$ für alle Teilstrecken dieses Stromkreises.

Aus der Zusammenstellung A ergibt sich:

$$\Sigma\,(l\,R + Z)_1^5 = 33{,}4 \text{ mm WS},$$

in genügender Übereinstimmung mit dem zur Verfügung stehenden Druck $H = 34{,}2$ mm WS.

b) Stromkreis des Heizkörpers 2.

Es werden zunächst die Werte $\Sigma\zeta$ für jede Teilstrecke bestimmt[1]), dann die Spalten e, f, g, h und i der Zusammenstellung A genau wie vor ausgefüllt.

Daraus ergibt sich $\Sigma\,(l\,R + Z)_{6,7,8} = 34{,}0$ mm WS
Hierzu kommt . . $\Sigma\,(l\,R + Z)_{2,3,4} = 23{,}7$ „ „
Zusammen $= 57{,}7$ mm WS

während 79,8 mm WS zur Verfügung stehen.

Man könnte versuchen, Teilstrecke 6 in 2 Teile, 6a und 6b, zu zerlegen, wobei 6a den Heizkörperanschluß und 6b den Fallstrangteil bezeichnet. Teilstrecke 6a werde von 20 auf 14 mm verengt. Dann ergibt sich folgendes Bild:

Nr.	WE	l	d	$\Sigma\zeta$	R 1 m	v	lR	Z
6a	2700	1,5	14	7,0 [2])	7,4	0,26	11,1	23,5
6b	2700	4,0	20	1,0 [2])	1,4	0,13	5,6	0,9

$(l\,R + Z)_6 = 16{,}7 + 24{,}4 = 44{,}1$ mm WS,
während früher $(l\,R + Z)_6 = 7{,}7 + 5{,}9 = 13{,}6$ mm WS
war. Daher zusätzlich 27,5 mm WS.

Hierdurch steigt der Druckverbrauch im Stromkreis 2 auf $57{,}7 + 27{,}5 = 85{,}2$ mm WS. während an Druckhöhe 79,8 mm WS zur Verfügung stehen. Es muß daher Teilstrecke 6 ungeteilt mit 20 mm l. W. belassen werden.

[1]) Teilstr. 6. Halber Heizkörper . 1,5; 3 Bogen (20) . . . . 4,5; T-Stück, Durchgang 1,0; zusammen 7,0
Teilstr. 7. T-Stück, Durchgang 1,0
Teilstr. 8. Knie (20) . . . . . 2,0; Bogen (20) . . . . . 1,5; Eckventil mit Voreinstellung (20) . . . 9,0; Halber Heizkörper . 1,5; zusammen 14,0

[2]) Teilstr. 6a. Halber Heizkörper . 1,5; 3 Bogen (14) . . . . 4,5; Übergang 14/20 . . 1,0; zusammen 7,0
Teilstr. 6b. T-Stück, Durchgang . 1,0

c) Stromkreis des Heizkörpers 3.

Nach Durchführung des unter a bzw. b besprochenen Verfahrens[3]) ergibt sich

$$\Sigma\,(l\,R + Z)_{9,\,10,\,11} = 69{,}2 \text{ mm WS}$$

Hierzu kommt $\Sigma\,(l\,R + Z)_3 \quad = 13{,}9$ „ „

Endsumme 83,1 mm WS

während nur 79,8 mm WS zur Verfügung stehen. Teilstrecke 9 wird daher bis zum Punkt P auf 25 mm erweitert. Führt man die Rechnung mit den unter [4]) ermittelten Widerstandszahlen durch, so ergibt sich eine Endsumme von 78,4 mm WS, die mit der zur Verfügung stehenden Druckhöhe genügend übereinstimmt.

II. Warmwasserheizung. Einrohranlage.

Mit Berücksichtigung der Wärmeverluste.

Beispiel 2. *Voraussetzungen:* Wassertemperatur beim Austritt aus dem Kessel $t' = 85°$ C. Temperaturgefälle der Anlage (ohne Berücksichtigung der Wärmeverluste) 15° C. Temperaturgefälle aller Heizkörper desselben Stranges gleich, und zwar $\Delta H = 10°$ C[1]). Die Wärmeverluste der oberen Verteilleitung und der Fallstränge sollen berücksichtigt werden. Steigestrang keine Abkühlung. Dachbodentemperatur $\pm 0°$ C, Wärmeschutz der oberen Verteilleitung 80 v H Wirkungsgrad. Fallstränge ungeschützt vor der Wand. Gemeinsamer Rücklauf: Abkühlung vernachlässigt. Raumtemperatur 20° C. Alles übrige zeigt Abb. 4.

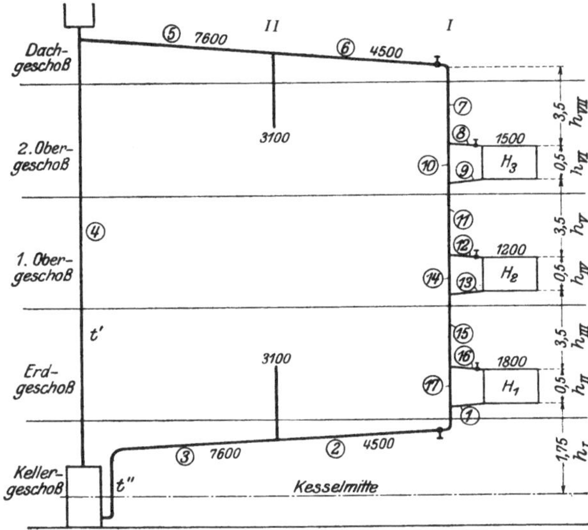

Abb. 4.

[3]) Teilstr. 9.			Teilstr. 10.		
	Halber Heizkörper	1,5		T-Stück, Abzweig	1,5
	3 Bogen (20)	4,5		Strangventil	10,0
	Strangventil (20)	10,0			11,5
	T-Stück, Abzweig	1,5			
		17,5			

Teilstr. 11.		
	Knie (20)	2,0
	Bogen (20)	1,5
	Eckventil mit Voreinstellung (20)	9,0
	Halber Heizkörper	1,5
		14,0

[4]) Teilstr. 9a.			Teilstr. 9b.		
	Halber Heizkörper	1,5		Übergang 25/20	1,0
	3 Bogen (25)	3,0		Strangventil (20)	10,0
		4,5		T-Stück, Abzweig	1,5
					12,5

[1]) $\Delta H \gg \frac{1800}{4500}\,15;\ \Delta H \gg 6°$ siehe S. 9.

Durchrechnung.

1. Annahme der Rohrleitung.

A. Ungünstigster Stromkreis, d. i. der Stromkreis des Fallstranges I.

a) Wirksamer Druck.

α) Berechnung der Temperaturen ohne Berücksichtigung der Wärmeverluste.

$t' = 85° = t_4 = t_5 = t_6 = t_7 = t_8 = t_{10}$, $\quad Q = \frac{\Sigma W}{t' - t''} = \frac{1500 + 1200 + 1800}{85-70} = 300$ kg/h,

$t_9 = 85 - 10 = 75°$,

$t'' = 70° = t_2 = t_3$,

$t_{11} =$ [nach Gl. (10)] $= t' - \frac{W_3}{Q} = 85 - \frac{1500}{300} = 80°$,

$t_{12} = 80° = t_{14}$,

$t_{13} = 80 - 10 = 70°$,

$t_{15} =$ [nach Gl. (10)] $= t_{11} - \frac{W_2}{Q} = 80 - \frac{1200}{300} = 76°$,

$t_{16} = 76° = t_{17}$,

$t_1 = 76 - 10 = 66°$.

Mittlere Temperatur im Heizkörper H_3 . . . . . $t_{H_3} = 80°$,
„ „ „ „ H_2 . . . . . $t_{H_2} = 75°$,
„ „ „ „ H_1 . . . . . $t_{H_1} = 71°$.

β) Bestimmung des wirksamen Druckes.

$$H = h_I(\gamma'' - \gamma') + h_{II}(\gamma_{H_1} - \gamma') + h_{III}(\gamma_{15} - \gamma') + h_{IV}(\gamma_{H_2} - \gamma') + h_V(\gamma_{11} - \gamma') + $$
$$+ h_{VI}(\gamma_{H_3} - \gamma') + h_{VII}(\gamma' - \gamma') =$$
$$= 1{,}75(\gamma_{70} - \gamma_{85}) + 0{,}5(\gamma_{71} - \gamma_{85}) + 3{,}5(\gamma_{76} - \gamma_{85}) + 0{,}5(\gamma_{75} - \gamma_{85}) +$$
$$+ 3{,}5(\gamma_{80} - \gamma_{85}) + 0{,}5(\gamma_{80} - \gamma_{85}) =$$

Benutzung der Zahlentafel 17, „Leitfaden“ II. Teil.

$$= 1{,}75 \cdot 9{,}16 + 0{,}5 \cdot 8{,}58 + 3{,}5 \cdot 5{,}64 + 0{,}5 \cdot 6{,}24 + 3{,}5 \cdot 3{,}18 + 0{,}5 \cdot 3{,}18 = 55{,}9 \text{ mm WS.}$$

b) Annahme des Stromkreises des Stranges I.

Wirksamer Druck ohne Berücksichtigung der Wärmeverluste .		= 55,9 mm WS
Berücksichtigung der Wärmeverluste nach Zahlentafel 18 des „Leitfadens“ II. Teil: Fallstränge ungeschützt. 3geschossig. Wagerechte Ausdehnung der Anlage bis 25 m. Höhe des mittelsten Heizkörpers über Kesselmitte 6,0 m. Wagerechte Entfernung des Stranges vom Steigstrang 12 m. Ergibt nach der erwähnten Zahlentafel zusätzliche Druckhöhe	= 25 mm WS	
Bei Einrohrausführung halber Wert	= 12,5 „ „	
Vorlauftemperatur 85°, daher —15 v. H. .	∾ — 2,0 „ „	
Zusätzliche Druckhöhe	= 10,5 mm WS	. . 10,5 mm WS
Gesamte Druckhöhe		= 66,4 mm WS
Davon ab für Einzelwiderstände 50 v. H.		= 33,2 „ „
Bleiben für Reibung		= 33,2 mm WS
Länge des Stromkreises 1, 2, 3, 4, 5, 6, 7, 8, 9, 11, 12, 13, 15, 16, 1		= 55,5 m
Druckabfall für 1 m Rohr $\frac{33{,}2}{55{,}5}$		≃ 0,6 mm WS

Daraus folgen die Durchmesser in Spalte d der Zusammenstellung B.

B. Kurzschlußstrecken 10, 14 und 17.

d_{10} ein Handelsmaß kleiner als d_8 bzw. d_9; $\quad d_{10} = 20$ mm
d_{14} „ „ „ „ d_{12} „ d_{13}; $\quad d_{14} = 20$ „
d_{17} „ „ „ „ d_{16} „ d_1; $\quad d_{17} = 20$ „

(Fortsetzung S. 19)

Zusammenstellung B.

Nr. der Teilstrecke	Wärmemengen		Länge	Annahme	Ausführung												
					ursprüngliche Werte					geänderte Werte						Unterschied	
	Temp.-Gefälle 10° bzw. 15° C	Temp.-Gefälle 1° C	l	d	$R/1$ m	v	lR	$\Sigma\zeta$	Z	d	$R/1$ m	v	lR	$\Sigma\zeta$	Z	lR	Z
	WE	WE	m	mm	mm WS	m/s	mm WS	[1])	mm WS	mm	mm WS	m/s	mm WS		mm WS	$g-n$	$i-p$
	a	b	c	d	e	f	g	h	i	k	l	m	n	o	p	q	r
					Stromkreis des Fallstranges Str. I.												
1	1800	180	1,0	25	0,74	0,11	0,7	3,0	1,8	—	—	—	—	—	—	—	—
2	4500	300	4,0	34	0,41	0,10	1,6	11,0	5,5	25	1,0	0,18	7,6	12,0[2])	19,4	+6,0	+13,9
3	7600	506	9,0	39	0,55	0,12	5,0	3,0	2,2	—	—	—	—	—	—	—	—
4	7600	506	14,0	39	0,55	0,12	7,7	1,5	1,1	—	—	—	—	—	—	—	—
5	7600	506	8,0	39	0,55	0,12	4,4	1,0	0,7	—	—	—	—	—	—	—	—
6	4500	300	4,0	34	0,41	0,10	1,6	11,0	5,5	—	—	—	—	—	—	—	—
7	4500	300	3,5	34	0,41	0,10	1,4	—	—	—	—	—	—	—	—	—	—
8	1500	150	1,0	25	0,50	0,09	0,5	5,0	2,0	—	—	—	—	—	—	—	—
9	1500	150	1,0	25	0,50	0,09	0,5	3,0	1,2	—	—	—	—	—	—	—	—
11	4500	300	3,5	34	0,41	0,10	1,4	—	—	—	—	—	—	—	—	—	—
12	1200	120	1,0	20	1,10	0,12	1,1	5,0	3,6	—	—	—	—	—	—	—	—
13	1200	120	1,0	25	0,34	0,07	0,3	3,0	0,8	—	—	—	—	—	—	—	—
15	4500	300	3,5	34	0,41	0,10	1,4	—	—	—	—	—	—	—	—	—	—
16	1800	180	1,0	25	0,74	0,11	0,7	5,0	3,0	—	—	—	—	—	—	—	—
			55,5				28,3	+ 27,4	= 55,7								+19,9
10	—	150[3])	0,5	20	1,7	0,15	0,9	2,0	2,2	—	—	—	—	—	—	—	—
14	—	180	0,5	20	2,3	0,17	1,2	2,0	2,9	—	—	—	—	—	—	—	—
17	—	120	0,5	20	1,1	0,12	0,6	2,0	1,4	14	6,1	0,22	3,1	2,0	4,8	—	—

[1]) Einzelwiderstände:

Teilstr. 1 (25). 1 T-St.-A. 1,5
1 halb. Heizk. . . 1,5
3,0

Teilstr. 2 (34). 1 Bogen 1,0
1 Str.-Vent. . . . 9,0
1 T-St.-D. 1,0
11,0

Teilstr. 3 (39). 3 Bogen je 0,5 . . 1,5
1 halber Kessel . . 1,5
3,0

Teilstr. 4 (39). 1 halber Kessel . . 1,5

Teilstr. 5 (39). 1 Knie 1,0

Teilstr. 6 (34). 1 T-St.-D. 1,0
1 Str.-Vent. . . . 9,0
1 Knie 1,0
11,0

Teilstr. 7 (34). Nichts.

Heizkörperanschlüsse geradlinig.

Teilstr. 8 (25). 1 T-St.-A. 1,5
1 Durchgangshahn. 2,0
1 halb. Heizk. . . 1,5
5,0

Teilstr. 9 (25). 1 halb. Heizk. . . 1,5
1 T-St.-A. 1,5
3,0

Teilstr. 11 (34). Nichts.

Teilstr. 12 (20). 1 T-St.-A. 1,5
1 Durchgangshahn. 2,0
1 halb. Heizk. . . 1,5
5,0

Teilstr. 13 (25). 1 halb. Heizk. . . 1,5
1 T-St.-A. 1,5
3,0

Teilstr. 15 (34). Nichts.

Teilstr. 16 (25). Wie Teilstr. 8 . . 5,0

[2]) Teilstr. 2 (25). 1 Bogen 1,0
1 Str.-Vent. 10,0
1 T-St.-D. 1,0
12,0

[3]) In Teilstrecke 7 . . . . . . 300 kg/h
„ „ 8 . . . . . . 150 „
Daher in Teilstrecke 10 . . . . . . 150 kg/h

kg/h = WE für 1° C (Spalte b).

2. Nachrechnung der Rohrleitung.

A. Stromkreis des Fallstranges Str. I.

a) Wirksamer Druck.

α) Berechnung der Temperaturen mit Berücksichtigung der Wärmeverluste der Rohrleitung. Siehe S. 7 und Gleichung (9) S. 8.

Nr.	Q	l	d	fk	lfk	$1-\eta$	t_e	t_z	t_e-t_z	ϑ	t_a	t_m	h'
5	506	8,0	39	1,73	13,6	0,2	85,0	0	85,0	0,5	84,5	—	[1])
6	300	4,0	34	1,52	6,1	0,2	84,5	0	84,5	0,3	84,2	—	—
7	300	3,5	34	1,39	4,9	1,0	84,2	20	64,2	1,0	83,2	83,7	—
8	150	1,0	25	1,24	1,2	1,0	83,2	20	63,2	0,5	82,7	—	—
9	150	1,0	25	1,19	1,2	1,0	72,7	20	52,7	0,4	72,3	—	—
11	300	3,5	34	1,32	4,6	1,0	78,2	20	58,2	0,9	77,3	77,8	—
12	120	1,0	20	0,94	0,9	1,0	77,3	20	57,3	0,4	76,9	—	—
13	120	1,0	25	1,14	1,1	1,0	66,9	20	46,9	0,4	66,5	—	—
15	300	3,5	34	1,32	4,6	1,0	73,3	20	53,3	0,8	72,5	72,9	—
16	180	1,0	25	1,19	1,2	1,0	72,5	20	52,5	0,4	72,1	—	—
1	180	1,0	25	1,14	1,1	1,0	62,1	20	42,1	0,3	61,9	—	—

$t_9 = t_8$ — Temperaturgefälle im Heizkörper $H_3 = 82{,}7 - 10{,}0 = 72{,}7°$,

$t_{11} = t_7 - \frac{W_3}{Q} = 83{,}2 - \frac{1500}{300} = 78{,}2°$ [2]),

$t_{13} = t_{12}$ — Temperaturgefälle im Heizkörper $H_2 = 76{,}9 - 10{,}0 = 66{,}9°$,

$t_{15} = t_{11} - \frac{W_2}{Q} = 77{,}3 - \frac{1200}{300} = 73{,}3°$ [2]),

$t_1 = t_{16} - 10° = 72{,}1 - 10{,}0 = 62{,}1°$,

$t_2 = t_{15} - \frac{W_1}{Q} = 72{,}5 - \frac{1800}{300} = 66{,}5°$ [2]).

Mittlere Temperatur im Heizkörper $H_3 = \frac{82{,}7 + 72{,}7}{2} = 77{,}7°$,

„ „ „ „ $H_2 = \frac{76{,}9 + 66{,}9}{2} = 71{,}9°$.

„ „ „ „ $H_1 = \frac{72{,}1 + 62{,}1}{2} = 67{,}1°$.

β) Bestimmung des wirksamen Druckes.

Nunmehr sind für die in Frage kommenden Teilstrecken alle Temperaturen genau bestimmt, so daß die Ermittelung des wirksamen Druckes, bei Berücksichtigung der Wärmeverluste der Rohrleitung, vor sich gehen kann.

Temperatur zugehörig Höhe h_I . . . . 66,5° C
„ „ „ h_{II} . . . . 67,1° C
„ „ „ h_{III} . . . . 72,9° C
„ „ „ h_{IV} . . . . 71,9° C
„ „ „ h_V . . . . 77,8° C
„ „ „ h_{VI} . . . . 77,7° C
„ „ „ h_{VII} . . . . 83,7° C

$$H = \Sigma h' = 1{,}75 \cdot (\gamma_{66{,}5} - \gamma_{85}) + 0{,}5\,(\gamma_{67{,}1} - \gamma_{85}) + 3{,}5\,(\gamma_{72{,}9} - \gamma_{85}) + 0{,}5\,(\gamma_{71{,}9} - \gamma_{85}) + \\ + 3{,}5\,(\gamma_{77{,}8} - \gamma_{85}) + 0{,}5\,(\gamma_{77{,}7} - \gamma_{85}) + 3{,}5\,(\gamma_{83{,}7} - \gamma_{85}).$$

[1]) Zwecks klarerer Darstellung erfolgt die Berechnung der Drucke h' gesondert unter β).

[2]) Streng genommen wären zu W_3 bzw. W_2 und W_1 noch jene Wärmemengen zuzuzählen, die infolge der Wärmeverluste der Rohrleitungen 8, 9 bzw. 12, 13 und 16, 1 auftreten. Der Einfluß ist bei nicht zu langen Anschlüssen gering und kann hier vernachlässigt werden. Bemerkt sei, daß hierdurch die errechnete zusätzliche Druckhöhe unter der tatsächlich auftretenden bleibt.

Benutzung der Zahlentafel 17 des „Leitfadens", II. Teil:

$$H = 1{,}75 \cdot 11{,}12 + 0{,}5 \cdot 10{,}79 + 3{,}5 \cdot 7{,}48 + 0{,}5 \cdot 8{,}07 + 3{,}5 \cdot 4{,}54 + 0{,}5 \cdot 4{,}60 + + 3{,}5 \cdot 0{,}85 = 76{,}3 \text{ mm WS.}$$

b) Nachrechnung.

Nunmehr erfolgt die Bildung der $\Sigma(lR + Z)_1^{16}$ in bekannter Weise unter Benutzung der Hilfstafel I. Aus der Zusammenstellung B ergibt sich, daß die Summe aller Widerstände = 55,7 wird, während an wirksamem Druck = 76,3 mm WS zur Verfügung stehen. Teilstrecke 2 wird daher auf 25 mm WS verengt, womit die fragliche Summe = 75,6 mm WS wird und nunmehr mit dem wirksamen Druck in genügender Übereinstimmung steht.

B. Kurzschlußstrecken 10, 14 und 17.

Teilstrecke 10. Nach Gleichung (12) ist:

$$H = h_{VI}(\gamma_{H3} - \gamma_{10}) + (lR + Z)_{10} = 0{,}5\,(\gamma_{77.7} - \gamma_{83.2}) + 3{,}1 = = 0{,}5 \cdot 3{,}44 + 3{,}1 = 4{,}8 \text{ mm WS}$$ [1].

Nun muß

$$4{,}8 \geqq (lR + Z)_{8,\,9} \text{ sein,}$$
$$4{,}8 \geqq 4{,}2\,.$$

Teilstrecke 10 bleibt unverändert mit 20 mm l. W. bestehen.

Teilstrecke 14:

$$H = h_{IV}(\gamma_{H2} - \gamma_{14}) + (lR + Z)_{14} = 0{,}5\,(\gamma_{71.9} - \gamma_{77.3}) + 4{,}1 = = 0{,}5 \cdot 3{,}23 + 4{,}1 = 5{,}7 \text{ mm WS}\,.$$

Nun muß

$$5{,}7 \geqq (lR + Z)_{12,\,13} \text{ sein,}$$
$$5{,}7 \geqq 5{,}8\,.$$

Teilstrecke 14 kann mit 20 mm l. W. bestehen bleiben.

Teilstrecke 17:

$$H = h_{II}(\gamma_{H1} - \gamma_{17}) + (lR + Z)_{17} = 0{,}5\,(\gamma_{67.1} - \gamma_{72.5}) + 2{,}0 = = 0{,}5 \cdot 3{,}08 + 2{,}0 = 3{,}5 \text{ mm WS}\,.$$

Nun müßte:

$$3{,}5 \geqq (lR + Z)_{16,\,1}$$

sein, da aber

$$(lR + Z)_{16,\,1} = 9{,}2$$

ist, muß Teilstrecke 17 von 20 mm l. W. auf 14 mm l. W. verengt werden. Nunmehr wird

$$H = 1{,}5 + (lR + Z)_{17} = 1{,}5 + 7{,}9 = 9{,}4 \text{ mm WS,}$$

wodurch die Ungleichung erfüllt erscheint.

C. Stromkreis des Fallstranges II.

Sinngemäß nach dem unter A und B Gesagten zu behandeln.
Weitere Beispiele befinden sich im „Leitfaden" I. Teil, S. 256—286.

Einrohrausführung kann bei Pumpenbetrieb (Schnellstromheizung) in vielstöckigen Gebäuden vorteilhaft sein (siehe auch Heft 4 der Mitteilungen der Prüfanstalt). Werden in einem Gebäude Einrohr- und Zweirohrausführung gleichzeitig angewendet, so ist folgendes zu beachten:

α) an jedem Fallstrang soll nur einrohrig oder nur zweirohrig angeschlossen werden;

β) die einrohrigen und die zweirohrigen Fallstränge sollen getrennte Rückläufe, besser noch, auch getrennte Vorläufe erhalten.

---

[1] Bei Teilstrecke 10, 14 und 17 wäre, streng genommen, die Abkühlung der Kurzschlußstrecken zu berücksichtigen. Dies kann hier wegen der geringen Länge der Strecken entfallen.

III. Schnellumlauf-Warmwasserheizung.

Beispiel 3. *Voraussetzungen:* (Siehe Abb. 5.) Ein Kessel von 42,0 m² Heizfläche erhalte als Sicherheitseinrichtung zum Umgehen des Vor- bzw. Rücklaufschiebers S_1 bzw. S_2 Leitungen 2 bzw. 5 von 70 mm l. W. mit je einem Wechselventil. Im Kessel selbst könne sich eine Dampfwassersäule von 1500 mm Höhe ausbilden. Die höchste Kesselbelastung sei 12 000 WE/m². Die Anordnung und Bemessung der einzelnen Leitungen geht aus der Abb. 5 bzw. der Zusammenstellung C hervor.

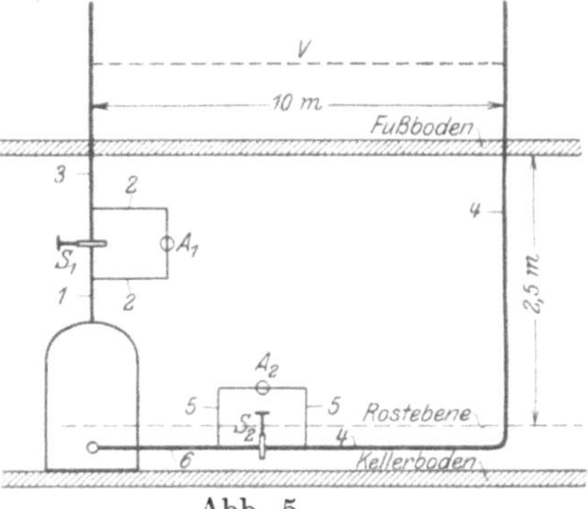

Abb. 5.

Aufgabe: Es ist zu ermitteln, ob der im Kellergeschoß entstehende Druck ausreicht, um die im Kessel im Höchstfall entstehenden Wärmemengen gefahrlos abzuführen. Hierbei ist vorausgesetzt, daß die über dem Fußboden entstehende Druckhöhe zur Überwindung der in den oberen Geschossen vorhandenen Widerstände genüge.

Lösung der Aufgabe: Es werde vorausgesetzt, daß die Dampfbildung unmittelbar über der Rostebene beginne. Als ungünstigste Verhältnisse seien ferner angenommen:

Rücklauftemperatur	60° C
Vorlauftemperatur	105° C
Temperaturunterschied	45° C

a) Ermittlung des wirksamen Druckes.

α) Wirksamer Druck infolge der Dampfblasenbildung = der halben Höhe der Dampfwassersäule . . . . = 750 mm WS

β) Wirksamer Schwerkraftsdruck $= 2{,}5\,(\gamma_{60} - \gamma_{105}) = 2{,}5 \cdot 25$ . . . . = 62 „ „

$H = 750 + 62 = 812$ mm WS

b) Nachrechnung der nach Zusammenstellung C gegebenen Rohrleitung.

Die Stromkreise werden durch die in den oberen Stockwerken liegenden Vor- bzw. Rückläufe und die Heizkörper geschlossen. Da diese Teile der Anlage außer Betracht bleiben sollen, wird der Schluß des Stromkreises durch eine gedachte Teilstrecke *V* gebildet, deren Widerstand nicht zu berücksichtigen ist.

Die zu fördernden Wärmemengen sind 42,0 · 12 000 = 504 000 WE/h. Zur Rechnung werden die Hilfstafeln I und II benutzt.

Zusammenstellung C.

Nr. d. Teilstrecke	Gesamt-Wärme-menge WE/h	Wärmemenge für 1° Temperatur-gefälle WE/h	Rohrlänge l m	L. Rohrdurch-messer d mm	R/1 m mm WS	v m/s	$\Sigma\zeta$	lR mm WS	Z mm WS
1	504 000	11 200	0,5	119	0,74	0,30	3,5	0,[illegible]	16
2	504 000	11 200	1,5	70	11,0	0,82	11,0	16,5	370
3	504 000	11 200	2,0	192	0,07	0,12	1,0	0,1	0,7
4	504 000	11 200	13,0	192	0,07	0,12	2,0	0,9	0,14
5	504 000	11 200	1,5	70	11,0	0,82	11,0	16,5	370
6	504 000	11 200	0,5	119	0,74	0,30	3,5	0,4	16

34,8 + 774,1 ≅ 809 mm WS.

Teilstrecke 1.	Halber Kessel	1,5
	2 Knie	2,0 [1])
		3,5

[1]) Laut Ausführungszeichnung.

Teilstrecke 2. 4 Knie (70) 4,0
1 Wechselventil 7,0
11,0

Teilstrecke 3. 1 Knie 1,0
Teilstrecke 4. 2 Knie 2,0
Teilstrecke 5. Wie Teilstrecke 2.
Teilstrecke 6. Wie Teilstrecke 1.

Man erhält

$$\Sigma (l R + Z)_1^6 = 809 \text{ mm WS},$$

während 812 mm WS zur Verfügung stehen.

Es sei besonders darauf aufmerksam gemacht, daß in diesem Fall der Anteil der Einzelwiderstände an dem Gesamtwiderstand 96 v. H. ausmacht.

IV. Gewächshausheizung.

Beispiel 4. *Voraussetzungen* siehe Abb. 6 und Zusammenstellung D.

Wärmeleistung der Schlange . . . . 2 × 5250 WE
Lichter Durchmesser der Heizrohre . . . . 49 mm
Länge des Heizrohres (Teilstrecke 1) . . . . 2 × 69 m
Lichter Durchmesser der Verbindungsleitungen . . . . 39 mm
Länge der Verbindungsleitung (Teilstrecke 2) zusammen . . . . 10 m
Vorlauftemperatur 80° C, Rücklauftemperatur 60° C.

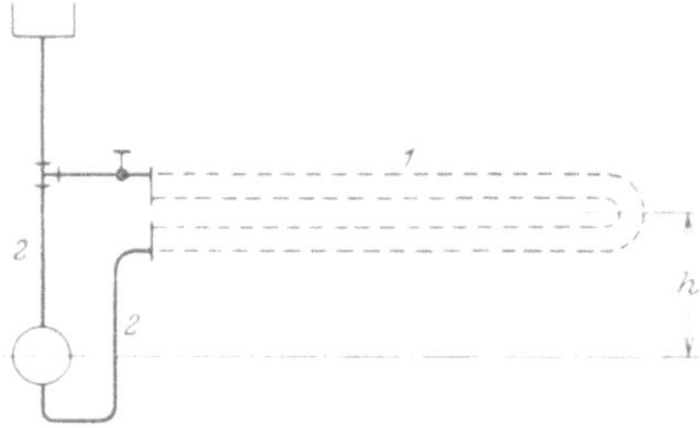

Abb. 6.

Aufgabe: Wie tief ist die Kesselmitte zu legen, wenn unter den angenommenen Verhältnissen die verlangten Wärmeleistungen erzielt werden sollen?

Lösung der Aufgabe: Annahme der gesuchten Höhe.

R/1 m bei 5250 WE im 49 mm Rohr 0,05
$l R = 69 \cdot 0{,}05$ . . . . = 3,5 mm WS
R/1 m bei 10 500 WE im 39 mm Rohr 0,56
$l R = 10 \cdot 0{,}56$ . . . . = 5,6 „ „

$\Sigma (l R) =$ 9,1 mm WS
+ 50 v. H. für Einzelwiderstände $\Sigma Z =$ 9,1 „ „
$\Sigma (l R + Z) =$ 18,2 mm WS

Da bei 80° und 60° der wirksame Druck = 11,4 mm WS für 1 m lotrechter Höhe beträgt, so muß die Kesselmitte um 1,6 m vertieft werden.

Nachrechnung:

Zusammenstellung D.

Nr.	WE	l	d	R/1 m	v	lR	$\Sigma\zeta$	Z
1	5 250	69	49	0,05	0,04	3,5	3,0	0,3
2	10 500	10	39	0,56	0,12	5,6	14,0	10,1
						9,1	+	10,4 = 19,5 mm WS

Teilstrecke 1 (49). Eintritt in den Verteilstutzen 1,0
1 Doppelbogen 1,0
Austritt aus dem Verteilstutzen . . . 1,0
$\Sigma\zeta_1 = 3{,}0$

Teilstrecke 2 (39).	Kessel	2,5
	1 Knie	1,0
	3 Bogen	1,5
	Ventil (gewöhnlich)	9,0
		$\Sigma\zeta_2 = 14,0$

$$\Sigma(l R + Z) = 19,5 \text{ mm WS.}$$

Demnach muß die Vertiefung der Kesselmitte betragen:

$$\frac{19,5}{11,4} = 1,71 \text{ m.}$$

Ein weiteres Beispiel findet sich im „Leitfaden" I. Teil, S. 273 u. f.

V. Stockwerksheizung.

Beispiel 5. *Voraussetzungen:* Temperatur des Wassers bei Austritt aus dem Kessel 85° C, Temperaturgefälle der Heizkörper 20° C. Steigestrang keine Abkühlung. Verteilleitung, Stränge, Heizkörperanschlüsse nackt vor der Wand, gemeinsamer Rücklauf geschützt vor Wärmeabgabe im Fußboden verlegt. Raumtemperatur 20° C. Die Kesselmitte liege 400 mm über Mitte Rücklauf. Die Abkühlung der Rücklaufleitungen werde vernachlässigt. Alles übrige geht aus Abb. 7 bzw. aus der Zusammenstellung E hervor.

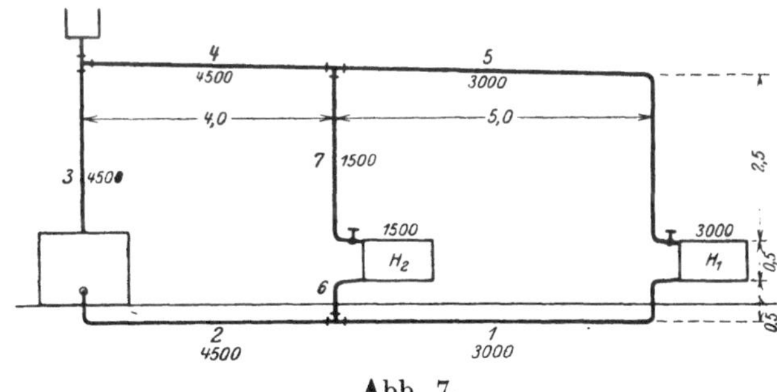

Abb. 7.

a) Annahme der Rohrleitung.

α) Ermittlung des ungünstigsten Heizkörpers und Annahme seines Stromkreises.

Nach Zahlentafel 19 des „Leitfadens" II. Teil stehen zur Verfügung:

für Heizkörper 1	für Heizkörper 2
18 mm WS	7 mm WS

Hiervon ab 15 v. H., da die Vorlauftemperatur 85° beträgt; bleiben:

15 mm WS	6 mm WS.

Hiervon ab für Einzelwiderstände 50 v. H., bleibt für Reibung:

7,5 mm WS	3,0 mm WS.

Hieraus folgt der Druckabfall für 1 m Rohr:

$$R_1 = \frac{7,5}{24,5} \cong 0,3 \text{ mm WS} \qquad R_2 = \frac{3,0}{14,5} \cong 0,2 \text{ mm WS.}$$

Nun steht fest, daß der zu suchende Rohrdurchmesser von der Wärmemenge W unmittelbar und vom Druckabfall R umgekehrt abhängt. Man bildet daher für jeden Stromkreis den Ausdruck $\frac{W}{R}$. Jener Kreis, der den größten Bruch ergibt, ist der ungünstigere, mit ihm ist zu beginnen.

$$\frac{W_1}{R_1} = \frac{3000}{0,3} = 10\,000 \qquad \frac{W_2}{R_2} = \frac{1500}{0,2} = 7500\,.$$

Der Stromkreis des Heizkörpers 1 ist demnach der ungünstigere. Mit ihm beginnend ergeben sich, unter Benutzung des Hilfsblattes III, die Werte d der Zusammenstellung E.

β) Annahme des Stromkreises des Heizkörpers 2.

Zur Verfügung stehen	= 6,0 mm WS
Hiervon aufgebraucht für die Teilstrecke 2, 3, 4 ... 11,5 · 0,3	= 3,5 „ „
Verbleiben für die Teilstrecke 6, 7	= 2,5 mm WS
Hiervon ab 50 v. H. für Einzelwiderstände	= 1,2 „ „
Verbleiben für Reibung	= 1,3 mm WS
Länge des Rohrzuges 6, 7	= 3,0 m
Druckabfall für 1 m Rohr	$\simeq$ 0,5 mm WS

Danach ergeben sich unter Benutzung der Hilfstafel III für die Teilstrecken 6, 7 die in der Zusammenstellung E ersichtlichen Durchmesser (Spalte d).

Zusammenstellung E.

Nr. d. Teilstrecke	Wärmemenge Temp.-Gefälle 20° C WE/h	Länge l m	Annahme d mm	Ausführung: ursprüngliche Werte $R/1$ m mm WS	v m/s	lB mm WS	$\Sigma\zeta$	Z mm WS	geänderte Werte d mm	$R/1$ m mm WS	v m/s	lR mm WS	$\Sigma\zeta$	Z mm WS	Unterschied lR $g-n$	Z $i-p$
a	b	c	d	e	f	g	h	i	k	l	m	n	o	p	q	r
1	3000	5,5	25	0,5	0,09	2,75	5,5	2,2	34	0,11	0,05	0,60	5,5	0,7	—2,2	—1,5
2	4500	4,0	34	0,25	0,08	1,00	5,0	1,6	—	—	—	—	—	—	—	—
3	4500	3,5	34	0,25	0,08	0,85	3,0	1,0	—	—	—	—	—	—	—	—
4	4500	4,0	34	0,25	0,08	1,00	—	—	—	—	—	—	—	—	—	—
5	3000	7,5	25	0,5	0,09	3,80	8,5	3,4	—	—	—	—	—	—	—	—
						9,5	+	8,2 = 17,7 mm WS.							—3,7	
6	1500	0,5	20	0,45	0,07	0,23	6,0	1,5	25	0,14	0,045	0,07	5,0	0,5	—2,2	—1,0
7	1500	2,5	20	0,45	0,07	1,15	8,5	2,1	—	—	—	—	—	—	—	—
						1,4	+	3,6 = 5,0 mm WS.							—1,2	

Teilstr. 1 (25). Halber Heizkörper . . 1,5
3 Bogen 3,0
1 T-Stück, Durchgang. 1,0
5,5

Teilstr. 2 (34). T-Stück, Durchgang . 1,0
3 Bogen 3,0
Halber Kessel 1,0
5,0

Teilstr. 3 (34). Halber Kessel 1,5
Knie 1,5
3,0

Teilstr. 4 (34). Nichts.

Teilstr. 5 (25). 1 T-Stück, Durchgang . 1,0
2 Bogen 2,0
Eckhahn 4,0
Halber Heizkörper . . 1,5
8,5

Teilstr. 6 (20). Halber Heizkörper . . 1,5
2 Bogen 3,0
1 T-Stück, Abzweig . . 1,5
6,0

Teilstr. 7 (20). 1 T-Stück, Abzweig . . 1,5
1 Bogen 1,5
1 Eckhahn 4,0
1 halber Heizkörper . 1,5
8,5

b) Nachrechnung der Rohrleitung.

α) Ermittlung aller Temperaturen unter Berücksichtigung der Abkühlung der Rohrleitung.

Nr.	Q	l	d	fk	lfk	$1-\eta$	t_e	t_z	t_e-t_z	ϑ	t_a	t_m
4	225	4,0	34	1,39	5,5	1,0	85,0	20	65,0	1,6	83,4	—
5	150	7,5	25	1,24	9,3	1,0	83,4	20	63,4	3,9	79,5	—
7	75	2,5	20	0,98	2,4	1,0	83,4	20	63,4	2,0	81,4	82,4

Mittlere Temperatur im Heizkörper 2 = 71,4°, im Heizkörper 1 = 69,5°.

$$t_6 = 81,4 - 20 = 61,4°$$
$$t_1 = 79,5 - 20 = 59,5°$$

β) Bestimmung des wirksamen Druckes für den Stromkreis des Heizkörpers 1.

Teilstrecke 5 ergibt ein $\vartheta = 3{,}9°$ für $l = 7{,}5$. Daher wird für $l = 2{,}5$, $\vartheta = 1{,}3°$ C sein.

Der Fallstrang 5 hat an seinem Ende . . . . 79,5° C
und daher an seinem Anfang . . . . 80,8° C
Sonach mittlere Temperatur für Fallstrang 5 . . . . 80,1° C

$$H = 2{,}5(\gamma_{80,1} - \gamma_{85}) + 0{,}5(\gamma_{69,5} - \gamma_{85}) + 0{,}1(\gamma_{59,5} - \gamma_{85}) =$$
$$= 2{,}5 \cdot 3{,}12 + 0{,}5 \cdot 9{,}45 + 0{,}1 \cdot 14{,}85 = 14{,}0 \text{ mm WS},$$

in guter Übereinstimmung mit der laut Zahlentafel 19 des „Leitfadens" angenommenen Druckhöhe von 15,0 mm WS.

γ) Nachrechnung des Stromkreises des Heizkörpers 1.

Aus der Zusammenstellung E ergibt sich

$$\Sigma (l\,R + Z)_1^5 = 17{,}7 \text{ mm WS},$$

während an wirksamem Druck 14,0 mm WS zur Verfügung stehen.

Teilstrecke 1 wird auf 34 mm erweitert, wodurch $(l\,R + Z)_1^5 = 14{,}0$ mm WS wird.

δ) Bestimmung des wirksamen Druckes für den Stromkreis des Heizkörpers 2.

$$H = 2{,}5(\gamma_{82,4} - \gamma_{85}) + 0{,}5(\gamma_{71,4} - \gamma_{85}) + 0{,}1(\gamma_{61,4} - \gamma_{85}) =$$
$$= 2{,}5 \cdot 1{,}7 + 0{,}5 \cdot 8{,}4 + 0{,}1 \cdot 13{,}9 = 9{,}9 \text{ mm WS}.$$

ε) Nachrechnung des Stromkreises des Heizkörpers 2.

	$\Sigma (l\,R + Z)_{6,7}$	= 5,0 mm WS
Hierzu	$\Sigma (l\,R + Z)_{2,3,4}$	= 5,5 „ „
	Summe	= 10,5 mm WS,

während nur 9,9 mm WS zur Verfügung stehen. Eine Erweiterung der Teilstrecke 6 auf 25 mm l. W. bringt die Widerstandshöhe in genügende Übereinstimmung mit der Druckhöhe (9,3 gegen 9,9).

Ein weiteres Beispiel findet sich im „Leitfaden" I. Teil S. 274f.

VI. Pumpenheizung.

Beispiel 6. *Voraussetzungen:* Die Temperaturdruckhöhen seien zu vernachlässigen. Der Druck in den einzelnen Gebäuden bei A, B und C soll 1 m WS betragen. Die Geschwindigkeit in der Fernleitung und die Abmessungen derselben sind so zu wählen, daß am Fernverteiler bei D ein Gesamtwiderstand von 12 m auftritt. Temperaturgefälle 90 — 65 = 25°. Das übrige geht aus der Abb. 8 sowie der Zusammenstellung F hervor.

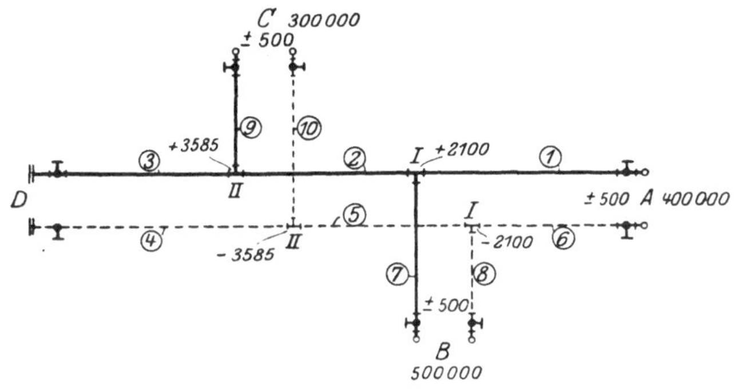

Abb. 8.

Aufgabe: Es sind die Rohrabmessungen festzustellen.

Lösung der Aufgabe:

a) Annahme der Rohrleitungen.

Gesamtdruck	= 12 000 mm WS
Davon ab der Druck in den Gebäuden	= 1 000 „ „
	11 000 mm WS

Davon ab nach Zahlentafel 20 des „Leitfadens“ 10 v. H. . = 1 100 mm WS
Verbleiben zur Überwindung der Reibung . . . . = 9 900 „ „

α) Stromkreise 1, 2, 3, 4, 5, 6.

Gesamtlänge des ungünstigsten Rohrzuges 1, 2, 3, 4, 5, 6 . . = 740 m
Daher Druckabfall für 1 m . . . . $\simeq$ 13,5 mm WS

β) Stromkreise 7, 8 und 9, 10.

Druck im Knotenpunkt *I*

$H = \pm (500 + 13{,}5 \cdot 120)$ . . . . = $\pm$2120 mm WS
— Druck im Punkt *B* . . . . = —($\pm$ 500 „ „)

Unterschied $\pm$1620 mm WS

Druckabfall für 1 m in Teilstrecke 7 . . . $\frac{1620}{40}$ . . . . . $\simeq$ 40 „ „

Druck im Knotenpunkt *II*

$H = \pm(2100 + 13{,}5 \cdot 110)$ . . . . = $\pm$3585 „ „

Druckabfall für 1 m in Teilstrecke 9 . . . $\frac{3585 - 500}{35}$. = 98 „ „

Hieraus folgern die Durchmesser in der Zusammenstellung F (Spalte d).

Zusammenstellung F.

Nr.d.Teilstrecke	Wärme-menge	Länge	Annahme	Ausführung													
				ursprünglich					geändert						Unterschied	
	für 1° C	l	d	$R/1$ m	v	lR	ζ	Z	d	$R/1$ m	v	lR	ζ	Z	lR	Z
	WE	m	mm	mm WS	m/s	mm WS		mm WS	mm	mm WS	m/s	mm WS		mm WS	$g-n$	$i-p$
a	b	c	d	e	f	g	h	i	k	l	m	n	o	p	q	r
1	16000	120	76	14,0	1,1	1680	6,0	360	—	—	—	—	—	—	—	—
2	36000	110	106	11,0	1,2	1210	5,0	360	113	9,0	1,1	990	5,0	300	—220	—60
3	48000	140	119	11,0	1,3	1540	5,0	420	—	—	—	—	—	—	—	—
4	48000	140	119	11,0	1,3	1540	5,0	420	—	—	—	—	—	—	—	—
5	36000	110	106	11,0	1,2	1210	5,0	360	—	—	—	—	—	—	—	—
6	16000	120	76	14,0	1,1	1680	6,0	360	—	—	—	—	—	—	—	—
						8860 + 2280 = 11140 mm WS.									—280	
7	20000	40	70	31,0	1,5	1240	2,5	280	—	—	—	—	—	—	—	—
8	20000	40	70	31,0	1,5	1240	2,5	280	—	—	—	—	—	—	—	—
						2480 + 560 = 3040 mm WS.										
9	12000	35	49	61,0	1,9	2135	2,5	450	—	—	—	—	—	—	—	—
10	12000	35	49	61,0	1,9	2135	2,5	450	—	—	—	—	—	—	—	—
						4270 + 900 = 5170 mm WS.										

Teilstrecke 1. 1 Schieber 1,0
Ausgleicher 4,0
T-Stück, Durchgang . . 1,0
6,0

Teilstrecke 2. Ausgleicher 4,0
T-Stück, Durchgang . . 1,0
5,0

Teilstrecke 3. Ausgleicher 4,0
1 Schieber 1,0
5,0

Teilstrecke 4. Wie 3.

Teilstrecke 5. Wie 2.

Teilstrecke 6. Wie 1.

Teilstrecke 7. 1 T-Stück, Abzweig . . 1,5
1 Schieber 1,0
2,5

Teilstrecke 8. Wie 7.

Teilstrecke 9 und 10. Wie 7.

b) Nachrechnung der Rohrleitungen.

α) Stromkreis des Gebäudes *A*.

Die übrigen Spalten der Zusammenstellung F werden ausgefüllt. Es ergibt sich:

$\Sigma(lR + Z)_{1,2,3,4,5,6}$	= 11 140 mm WS
+ Gebäudedruck	= 1 000 „ „
Summe	S = 12 140 mm WS

in genügender Übereinstimmung mit der Druckhöhe von 12 000 mm WS, da der Widerstand der Ausgleicher hoch angenommen ist. Will man die Übereinstimmung noch besser haben, so könnte z. B. Teilstrecke 2 von 106 auf 113 erweitert werden. Es ergibt sich dann obige Summe S = 11 860 mm WS.

β) Stromkreis des Gebäudes B.

$(lR + Z)_{7,8}$	= 3 040 mm WS
+ $(lR + Z)_{2,3,4,5}$	= 7 060 „ „
+ Druck im Gebäude B	= 1 000 „ „
Summe	11 100 mm WS

wodurch die Teilstrecken 7, 8 erledigt sind.

γ) Stromkreis des Gebäudes C.

$(lR + Z)_{9,10}$	= 5 170 mm WS
+ $(lR + Z)_{3,4}$	= 3 920 „ „
+ Druck im Gebäude C	= 1 000 „ „
Summe	10 090 mm WS

gegen 12 000 mm WS verfügbarer Druckhöhe.

Man könnte einen Teil der Teilstrecke 9 verkleinern, wovon aber abgesehen werden soll.

Ein weiteres Beispiel findet sich im „Leitfaden“ S. 281—285.

3. Abschnitt.

Heißwasserheizung.

A. Theorie.

Mit Rücksicht darauf, daß die Heißwasserheizung nur noch in technischen Betrieben, und zwar hauptsächlich für Trocken- und Lackieröfen, Anwendung findet, sei die Ableitung auf die Erwärmung eines einzelnen Raumes beschränkt. Andere Fälle finden sich im „Leitfaden“ I. Teil, S. 285 u. f. bearbeitet. Bleibt man bei obiger Beschränkung, so kann die Heißwasserheizung sinngemäß nach dem im 1. Abschnitt unter A Gesagten behandelt werden.

Der wirksame Druck wird nach Gleichung (2)

$$H = h(\gamma'' - \gamma') \tag{2}$$

bestimmt. Die Werte γ erhält man am einfachsten und mit genügender Genauigkeit durch die Fischersche Gleichung:

$$\gamma = 1 - 0{,}000\,004\,t^2 .$$

Bei der Ermittlung der Reibungs- und Einzelwiderstände ist folgendes zu beachten. Für Heißwasserheizungen wird ausnahmslos ein Rohr von 23 mm l. W. verwendet, das sich in den Hilfstafeln nicht vorfindet, und es werden Wassertemperaturen benutzt, die über jenen liegen, für die die Hilfstafeln aufgestellt sind.

Da aber die Widerstände mit steigender Wassertemperatur sinken und der oben angedeutete Zweck in erster Linie ein reichliches Berechnen der Anlagen erfordert, so wird es zulässig erscheinen, auch für die Berechnung dieser Anlagen die Hilfstafel I bzw. III zu benutzen und darin das Rohr von 20 mm l.W.

herauszugreifen. Bei Heißwasserheizungen wird immer ein besonderes Augenmerk darauf gerichtet sein müssen, die Einzelwiderstände möglichst klein zu halten, so daß dieselben als ein etwa 20 v. H. betragender Zuschlag der Reibungswiderstände in Rechnung gesetzt werden können.

B. Beispielsrechnung.

Beispiel 7. Es sei, um die Einfachheit der Rechnung zu zeigen, das Beispiel Fall 1 des „Leitfadens“ I. Teil S. 301 benutzt.

Aufgabe: Ein Saal, 10 m lang, 8 m breit, ist durch eine Heißwasserheizung zu erwärmen. Er verliere bei —20° C Außentemperatur und +20° C Innentemperatur stündlich 9600 WE. Die Wärmeröhren sollen an den Wänden herumgeführt werden. Die höchste Temperatur des Wassers im Steigrohr darf 150° C nicht überschreiten. Die Entfernung der Mittelebene der Feuerschlange von der Mittelebene der Wärmeröhren betrage 4 m.

Lösung. a) Gesamtlänge des Rohrzuges:

1. Die Feuerschlange. Zu berechnen nach Gl. (146) des „Leitfadens“ I. Teil S. 289:

$$l_1 = 0{,}002\, W = 0{,}002 \cdot 9600 \simeq 19 \text{ m}.$$

2. Die verbindende Rohrleitung.

$l_2 \ldots$ aus der örtlichen Anordnung zu bestimmen $= 16$ m.

3. Die Heizschlange. Zu berechnen nach Gl. (147) des „Leitfadens“ I. Teil S. 290:

$$l_3 = \frac{10\, W}{k\left(\dfrac{t' + t''}{2} - tz\right)}\,.$$

t'' geschätzt zu 80° C ergibt nach Zahlentafel 15 des „Leitfadens“ II. Teil: $k = 11{,}5$.

$$l_3 = \frac{10 \cdot 9600}{11{,}5\left(\dfrac{150 + 80}{2} - 20\right)} \simeq 88 \text{ m}.$$

$$l = l_1 + l_2 + l_3 = 123 \text{ m}.$$

b) Wirksamer Druck:

$$H = h\,(\gamma'' - \gamma') = 4\,(\gamma_{80} - \gamma_{150}).$$

$$\gamma_{80} = 1 - 0{,}000\,004 \cdot 80^2 = 974 \text{ kg/m}^3,$$

$$\gamma_{150} = 1 - 0{,}000\,004 \cdot 150^2 = 910 \text{ kg/m}^3.$$

$$H = 4 \cdot 64 = 256 \text{ mm WS}.$$

c) Reibungs- und Einzelwiderstände:

$$W = 9600 \text{ WE bei } 150 - 80 = 70^\circ \text{ Temperaturgefälle,}$$

$$W = \frac{9600}{70} = 137 \text{ WE bei } \ldots 1^\circ \text{ Temperaturgefälle.}$$

Nunmehr ergibt sich aus der Hilfstafel I für

$$\left.\begin{array}{l} d = 20 \\ W = 137 \end{array}\right\} R/1 \text{ m} = 1{,}4 \text{ mm WS:}$$

$$lR = 123 \cdot 1{,}4 = 172 \text{ mm WS}$$

$$+\ 20 \text{ v. H. für Einzelwiderstände } Z = 35 \text{ ,, ,,}$$

$$\Sigma\,(l\,R + Z) = 207 \text{ mm WS}$$

während 256 mm WS zur Verfügung stehen.

Um die Anlage billiger zu machen, kann nun die Rücklauftemperatur t'' erhöht werden. Angenommen $t'' = 100^\circ$ C.

$$\gamma_{100} = 0{,}960 \text{ kg/m}^3$$

$$\gamma_{150} = 0{,}910 \text{ ,,}$$

$$H = 50 \cdot 4 = 200 \text{ mm WS}$$

$$l_1 = \text{unverändert } 19 \text{ m},$$
$$l_2 = \quad \text{„} \quad 16 \text{ m}.$$
$$l_3 = \frac{10 \cdot 9600}{11{,}5\left(\frac{150 + 100}{2} = 20\right)} \cong 80 \text{ m},$$
$$l = 19 + 16 + 80 = 115 \text{ m}.$$

Nunmehr wird

$$\begin{array}{rl} lR = & 161 \text{ mm WS} \\ + 20 \text{ v. H. für Einzelwiderstände } Z = & 32 \quad \text{„} \quad \text{„} \\ \hline \Sigma(lR + Z) = & 193 \text{ mm WS} \end{array}$$

gegen 200 mm verfügbare Druckhöhe.

Weitere Beispiele finden sich im „Leitfaden“ I. Teil S. 301—310.

4. Abschnitt.

Lüftungsanlagen.

A. Theorie.

Naturgemäß muß auch bei diesen Anlagen die bekannte Grundgleichung (1)

$$H \geqq \Sigma(lR + Z) \tag{1}$$

erfüllt sein.

I. Der wirksame Druck *H*.

Bei jenen Anlagen, die nur durch Schwerkraftswirkung betrieben werden, erfolgt die Bestimmung des wirksamen Druckes nach der allgemeinen Gleichung (2):

$$H = h(\gamma'' - \gamma') \tag{2}$$

Zur schnellen Berechnung dieses Ausdruckes dient die Hilfstafel V (Streifband B), in der die Werte H (in mm WS) für verschiedene Kanal- und Außentemperaturen, und zwar für 1 m lotrechter Kanalhöhe, zu finden sind.

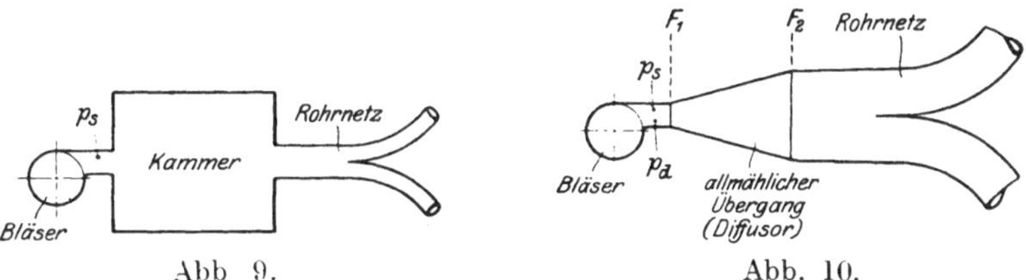

Abb. 9. Abb. 10.

Bei den mit Bläsern (Ventilatoren) betriebenen Anlagen kann in den allermeisten Fällen die Schwerkraftswirkung vernachlässigt werden, so daß der vom Lüfter erzeugte Druck in mm WS als wirksamer Druck anzusetzen ist. Hierbei ist jedoch folgendes zu beachten: Geschieht der Übergang vom Druckrohr des Bläsers zum Rohrnetz — unter Zwischenschaltung eines größeren Raumes (Heiz-, Filter- oder Druckkammer) — nach Abb. 9, so kann der wirksame Druck näherungsweise dem im Ausblaserohr herrschenden statischen Druck gleichgesetzt werden. Sonach:

$$H = p_s \tag{15}$$

Erfolgt dagegen der Anschluß des Rohrnetzes an das Ausblaserohr des Bläsers mittels eines allmählich weiter werdenden Übergangsstutzens (Diffusors) wie in Abb. 10, so wird auch noch von dem im Ausblasquerschnitt des

Lüfters herrschenden dynamischen Druck (p_d) ein Teil für die Überwindung der Widerstände im Rohrnetz nutzbar.

Es entsteht demnach die Gleichung:

$$H = p_s + \eta\,(p_{dF_1} - p_{dF_2}) = p_s + \eta\left(\frac{v_1^2}{2g} - \frac{v_2^2}{2g}\right)\gamma \qquad (16)$$

Hierin bedeutet:

p_s den statischen Druck im Ausblasquerschnitt F_1 in mm WS,

$p_{dF_1} = \frac{v_1^2}{2g}\gamma$ den dynamischen Druck im Ausblasquerschnitt F_1 in mm WS,

$p_{dF_2} = \frac{v_2^2}{2g}\gamma$ den dynamischen Druck im Querschnitt F_2 in mm WS,

v_1 die mittlere Luftgeschwindigkeit im Querschnitt F_1 in m/s,

v_2 die mittlere Luftgeschwindigkeit im Querschnitt F_2 in m/s,

η den Wirkungsgrad des Übergangsstutzens.

II. Der Reibungswiderstand R.

a) Metallkanäle von rundem oder rechteckigem Querschnitt.

Für die folgenden Ableitungen wird von der früheren Gleichung (3) ausgegangen:

$$R = \frac{p_2 - p_1}{l} = a\,\frac{v^n}{d^m} \qquad (3)$$

Wie bereits S. 4 erwähnt, enthält der Beiwert a noch den Einfluß des Einheitsgewichtes und den der Zähigkeit der Flüssigkeit. Für Luft kann letztere Abhängigkeit vernachlässigt und der Einfluß des Einheitsgewichtes, nach Fritzsche[1]), wie folgt berücksichtigt werden:

$$R = \frac{p_2 - p_1}{l} = b\,\gamma^{0,852}\,\frac{v^n}{d^m} \qquad (17)$$

Aus Gleichung (17) ergibt sich nach der 21. Mitteilung der Prüfanstalt[2]) unter Benutzung aller auf diesem Gebiet brauchbaren experimentellen Forschungen die Gleichung (18):

$$R = \frac{p_2 - p_1}{l} = 6,61\,\frac{v^{1,924}}{d^{1,281}} \qquad (18)$$

Streng genommen gilt die Beziehung (18) nur für ein Einheitsgewicht der Luft von 1,2 kg/m³, was mittelfeuchter Luft bei einem Barometerstand von 760 mm Quecksilbersäule und 20° C Temperatur entspricht. Die Gleichung (18) kann aber für alle in der Praxis vorkommenden Lüftungsanlagen mit genügender Genauigkeit angewendet werden, falls die Luftverhältnisse nicht allzu weit von den gegebenen Werten entfernt sind.

Aus der 21. Mitteilung der Prüfanstalt geht weiter hervor, daß die Gleichung (18) nicht nur für kreisrunde Rohre, sondern, nach Einführung einer

---

[1]) Fritzsche, Untersuchungen über den Strömungswiderstand der Gase in geraden zylindrischen Rohrleitungen. Berlin 1907.

[2]) Brabbée-Bradtke, Vereinfachtes zeichnerisches oder rechnerisches Verfahren zur Bestimmung der Rohrleitungen von Lüftungs- und Luftheizanlagen. 21. Mitteilung der Prüfanstalt. Verlag R. Oldenbourg. München-Berlin 1915.

Hilfsgröße, auch für Kanäle rechteckigen Querschnitts gilt. Diese Hilfsgröße ist ein „gleichwertiger Durchmesser" d_g, der wie folgt bestimmt wird:

$$d_g = \frac{2ab}{a+b} \tag{19}$$

Hierin bedeuten a und b die Seitenlängen des rechtwinkligen Kanals in mm.

b) Mauerkanäle von rundem und rechteckigem Querschnitt.

Die Untersuchungen in der erwähnten 21. Mitteilung beweisen, daß die Reibungswiderstände von Mauerkanälen mit genügender Genauigkeit dadurch getroffen werden, daß die unter sonst gleichen Umständen für Metalleitungen gewonnenen Werte eine Verdopplung erfahren.

III. Die Einzelwiderstände *Z*.

Auch hier wird wieder auf die allgemeingültige Gleichung (4) zurückgegriffen:

$$Z = \Sigma\zeta \frac{v^2}{2g}\gamma \tag{4}$$

Sie geht für den vorliegenden Fall über in:

$$Z = \Sigma\zeta \frac{v^2}{2g} 1{,}2 \tag{20}$$

Die Hilfstafel VI (Streifband B) gibt die ζ-Werte für die wichtigsten in der Lüftungstechnik vorkommenden Widerstände an. Bezüglich der T-Stückwiderstände sei insbesondere auf die in dieser Tafel befindliche Fußnote 2 aufmerksam gemacht.

B. Die Hilfstafeln VII, VIII und IX und ihre Anwendung.

(Streifband B.)

Zunächst seien die für die Berechnung der Lüftungsanlagen wichtigsten Gleichungen nochmals zusammengefaßt:

$R = 6{,}61 \frac{v^{1,924}}{d^{1,281}}$ . . . . . Reibungswiderstand für 1 m kreisrunden Rohres vom Durchmesser d nach Gl. (18).

$R = 6{,}61 \frac{v^{1,924}}{d_g^{1,281}}$ . . . . . Reibungswiderstand für 1 m rechteckigen Kanales vom „gleichwertigen Durchmesser" d_g nach Gl. (19).

$Z = \Sigma\zeta \frac{v^2}{2g} 1{,}2$ . . . . . Einzelwiderstände für runde und rechteckige Kanäle nach Gl. (20).

$d_g = \frac{2ab}{a+b}$ . . . . „Gleichwertige Durchmesser" für rechteckige Kanäle nach Gl. (19).

$L = 3600 \cdot 10^6 \frac{d^2\pi}{4} v$ . . . Stündlich geförderte Luftmenge im kreisrunden Rohr nach Gl. (5).

Aus der Zusammenfassung dieser Gleichungen ist zunächst die Hilfstafel VII entstanden. Sie enthält:

die geförderten Luftmengen L für kreisförmige Rohre in m³/s (wagerechte Zeilen I),

die mittleren Luftgeschwindigkeiten in kreisförmigen Rohren in m/s (wagerechte Zeilen II),

die wirklichen bzw. die „gleichwertigen Durchmesser" von 50 bis 500 mm l. W.,

die Reibungswiderstände R für 1 m Rohr in mm WS, gültig für kreisrunde Rohre vom Durchmesser d, bzw. für rechteckige Kanäle vom „gleichwertigen Durchmesser" d_g,

die Einzelwiderstände Z für kreisrunde bzw. rechteckige Kanäle und für die Widerstandszahlen $\Sigma\zeta = 1$ bis 9,

eine Tafel zum Umrechnen der geförderten Luftmenge von m³/s auf m³/h und umgekehrt.

Die Hilfstafel VII gilt — wie oben bemerkt — für Durchmesser d bzw. d_g von 50 bis 500 mm l. W., während die Hilfstafel VIII dieselben Werte, jedoch für Durchmesser von 500 bis 2500 mm l. W., enthält [1]).

Die Hilfstafel IX gibt die nach Gleichung (19) berechneten „gleichwertigen Durchmesser" d_g in mm sowie die Querschnitte rechteckiger Kanäle in m² an.

a) Anwendung der Hilfstafeln zur Annahme der Rohrleitungen.

1. Allgemeines.

Man beginnt mit dem ungünstigsten Strang. Zunächst ist der wirksame Druck H wie unter I. (S. 29) zu ermitteln. Hiervon wird der Anteil der Einzelwiderstände, der sich aus nachstehender Zusammenstellung ergibt, abgezogen.

Zusammenstellung G.

Stränge mit lichten Kanalabmessungen von	Anteil der Einzelwiderstände am Gesamtwiderstand in Hundertteilen	
	Blechkanäle	Mauerkanäle
50 bis 150 mm	30	30
100 bis 300 mm	40	50
200 bis 600 mm	50	70
400 bis 1100 mm	60	80
über 1000 mm	70	85

Diese Werte gelten nur dann, wenn sich die abzweigenden Rohrleitungen an die Hauptleitung gut anschmiegen. Trifft dies nicht zu (unsachgemäße Ausführung), so wächst der Anteil der Einzelwiderstände erheblich. S. a. Gesundheits-Ingenieur 1917, S. 93.

Es sei hier nochmals auf den außerordentlich hohen Einfluß hingewiesen, den die Einzelwiderstände, insbesondere bei großen Kanalabmessungen, ausüben. In manchen Fällen, insbesondere bei sehr großen Blech- oder Mauerkanälen, wird es möglich sein, die Reibungswiderstände als einen Zuschlag zu den Einzelwiderständen zu berücksichtigen oder überhaupt zu vernachlässigen, also gerade das Umgekehrte von dem zu tun, was öfters noch in der Praxis geschieht. Die an Lüftungsanlagen beobachteten Mängel werden sich in den meisten Fällen auf eine ungenügende Berücksichtigung der Einzelwiderstände zurück-

[1]) Für jene Ingenieure, die das zeichnerische Verfahren vorziehen, ist in der 21. Mitteilung der Prüfanstalt das Hilfsblatt Fig. 31 geschaffen worden. Es enthält alles, was die Hilfstafeln VII und VIII bringen und ist sinngemäß gleichartig zu verwenden.

führen lassen; ebenso werden manche scheinbar unverständliche Strömungsvorgänge durch den überwiegenden Einfluß dieser Widerstände zu erklären sein.

2. Kreisrunde Rohre.

Der von H verbleibende Rest wird durch die Gesamtrohrlänge geteilt, wodurch man den Reibungswiderstand R für 1 m Rohr erhält[1]). Dieser Wert R ist in der Hilfstafel VII bzw. VIII aufzusuchen, worauf man, in derselben Wagerechten fortschreitend, über der jeweils zu fördernden Luftmenge sofort den zu wählenden Durchmesser abliest.

Auf die Behandlung sehr großer runder Kanäle wird unter 3. nochmals zurückgegriffen werden.

3. Rechteckige Kanäle.

Es ist nicht möglich, den gleichen Weg wie für runde Rohre einzuschlagen, denn die in der Hilfstafel VII bzw. VIII aufgeführten Luftmengen gelten, wie ausdrücklich bemerkt wurde, nur für kreisrunde Rohre. Man benutzt daher zur Annahme der Rohrleitung folgendes Verfahren:

Nach Bestimmung des wirksamen Druckes H ermittelt man jenen Anteil, der für die Einzelwiderstände aufzuwenden ist, wodurch man z. B. den Wert $Z = 25$ mm WS erhält. Nun wird für den zu betrachtenden Rohrzug die Summe der Widerstandszahlen ermittelt, z. B. $\Sigma\zeta = 5$, und in den Widerstandstafeln der Behelfe VII bzw. VIII jene Stelle gesucht, bei der für die gegebene Größe $\Sigma\zeta = 5$ der Wert $Z = 25$ erscheint. Von dort wagerecht nach links abgelesen, ergibt sich die Luftgeschwindigkeit für den betreffenden Rohrzug; im vorliegenden Fall $v = 9{,}0$ m/s.

Dadurch sind jetzt bekannt:

1. die in jeder Teilstrecke geförderte Luftmenge in m^3/s,
2. die in jeder Teilstrecke herrschende Geschwindigkeit in m/s.

woraus sich für jede Teilstrecke durch einfache Division der zu wählende Querschnitt f in m^2 ergibt. Aus ihm findet man, unter Benutzung der in der Hilfstafel IX in den Reihen II enthaltenen Zahlen die Seitenlängen a und b des Kanales. Zu bemerken ist, daß naturgemäß jedem Querschnitt f mehrere zusammengehörige Werte a und b entsprechen, so daß man sich aus den verschiedenen möglichen Kanälen den in baulicher Hinsicht besten aussuchen kann.

Es ist nicht unbedingt nötig, die Geschwindigkeit in allen Teilstrecken gleichzusetzen, sondern man kann, was manchmal zweckdienlich erscheinen mag, die Luftgeschwindigkeit in den größeren Kanälen steigern. Jedoch muß der für die $\Sigma\zeta$ erscheinende Wert Z stets gleich oder kleiner sein als jener Betrag, der unter Benutzung der Zusammenstellung G als Anteil der Einzelwiderstände errechnet wurde.

Für große runde Kanäle, bei denen der Einfluß der Einzelwiderstände wesentlich den Anteil der Reibung überwiegt, wird es oftmals richtiger sein, von dem unter Punkt 2 besprochenen Weg abzuweichen und die Annahme der Rohrleitung nach dem in diesem Punkt 3 Gesagten zu vollziehen.

---

[1]) Es ist natürlich ohne weiteres auch möglich, eine andere als die hier durchgeführte gleichmäßige Aufteilung des Druckverlustes vorzunehmen.

b) Nachrechnung der Rohrleitung.

1. Allgemeines.

Sind Lüftungsanlagen zu entwerfen, die nicht durch Schwerkraftswirkung, sondern durch Bläser betrieben werden, so ist die Aufgabe oft so gestellt: Die Kanalanlage liegt mit Rücksicht auf irgendwelche, meist bauliche Erwägungen fest, die Luftmengen in den einzelnen Teilstrecken sind bekannt, und zu berechnen ist: der wirksame Druck. In solchen Fällen kann von einer „Annahme der Rohrleitung" in unserem Sinne nicht mehr gesprochen werden und die ganze Berechnung vereinfacht sich auf das nachstehend erläuterte Verfahren.

2. Kreisrunde Rohre.

Bei gegebener Rohrleitung wird in Hilfstafel VII bzw. VIII unter dem gewählten Durchmesser, und zwar in den Reihen I, die geförderte Luftmenge gesucht, worauf man, wagerecht links weiterschreitend, den Reibungsverlust R in mm WS für 1 m Rohr findet, der noch mit der Rohrlänge zu multiplizieren ist. Gleichzeitig hat man unmittelbar unter der in Reihe I stehenden Luftmenge die Luftgeschwindigkeit in der Reihe II gefunden. Mit letzterem Wert geht man in die auf der linken Blatthälfte befindliche Widerstandstafel und findet dort für den bekannten Wert $\Sigma\zeta$ sofort die Einzelwiderstände Z in mm WS. Natürlich muß auch jetzt wieder die Bedingungsgleichung bestehen:

$$H \geqq \Sigma (lR + Z) .$$

3. Rechteckige Kanäle.

Die Kanäle mit ihren Seitenlängen a und b sind bekannt. Man ermittelt nun unter Benutzung der Hilfstafel IX die Kanalquerschnitte und berechnet ferner mit Hilfe der für jede Teilstrecke gegebenen Luftmenge die in ihnen herrschende Luftgeschwindigkeit v. Da aus der „Annahme der Rohrleitung" oder unmittelbar aus der Zeichnung in jeder Teilstrecke die Werte $\Sigma\zeta$ bekannt sind, können, unter Benutzung der linken Teile der Hilfstafeln VII bzw. VIII, die Einzelwiderstände Z (in mm WS) für jede Teilstrecke bestimmt werden.

Man ermittelt ferner aus den gegebenen Kanalseiten a und b unter Anwendung der Hilfstafel IX den „gleichwertigen Durchmesser".

Dieser Wert wird in die Hilfstafel VII bzw. VIII übernommen und lotrecht darunter, in den Zeilen II, jene Geschwindigkeit v gesucht, die für die betreffende Teilstrecke nach vorstehendem bereits bekannt ist. Links weiterschreitend findet man den Reibungswiderstand R für 1 m Rohr (in mm WS), der noch mit der Rohrlänge zu multiplizieren ist.

Selbstverständlich muß auch jetzt die Bedingungsgleichung

$$H \geqq \Sigma(lR + Z)$$

erfüllt sein.

Ist die Rohrleitung nicht bekannt, sondern nur der Druck gegeben, so scheidet sich das Rechenverfahren, ähnlich wie bei der Wasserheizung, in die „Annahme" und „Nachrechnung" der Rohrleitung. Die nachstehenden Beispiele erklären den Vorgang näher.

C. Berechnung von Beispielen.

Beispiel 8. *Voraussetzungen:* Durch die in Abb. 11 dargestellte Lüftungsanlage sollen die an den Enden der Teilstrecken eingeschriebenen Luftmengen in m^3/h von 20° C gefördert werden. Der Bläser, dessen Austritt mittels eines Übergangsstutzens (Diffusor) von

90 v. H. Wirkungsgrad unmittelbar in die Teilstrecke 8 übergeht, soll einen statischen Druck von 17,4 mm WS aufweisen. Der Bläser-Austrittsquerschnitt (F_1) betrage 0,025 m², der Ausblasquerschnitt (F_2) des Übergangsstutzens sei 0,033 m². Die Abzweige schmiegen sich der Hauptleitung gut an. Luftaustritt überall düsenförmig, ohne Gitter mit $\zeta = 0,5$.

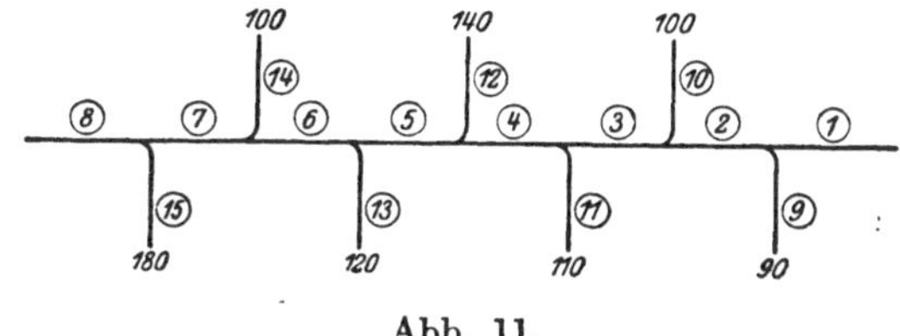

Abb. 11.

Aufgabe: Es sind die Abmessungen der als runde Blechleitung anzunehmenden Rohre festzustellen.

Lösung der Aufgabe: a) Annahme des ungünstigsten Stranges.

Nach Gleichung (16) ist

$$H = p_s + \eta (p_{dF_1} - p_{dF_2})$$

$$p_s = 17,4 \text{ mm WS}, \quad v_{F_1} = \frac{0,267}{0,025} \cong 10,6 \text{ m/s}, \quad p_{dF_1} = \frac{10,6^2}{19,6} 1,2 \cong 6,8 \text{ mm WS}$$

$$\eta = 0,90, \quad v_{F_2} = \frac{0,267}{0,033} \cong 8,0 \text{ m/s}, \quad p_{dF_2} = \frac{8,0^2}{19,6} 1,2 \cong 3,9 \text{ mm WS}$$

$H = 17,4 + 0,9\,(6,8 - 3,9)$ . . . . $\cong$ 20 mm WS

Ab für Einzelwiderstände 40 v. H.[1]) . . . . $=$ 8 „ „

Verbleiben für Reibung . . . . $=$ 12 mm WS

Druckabfall für 1 m Rohr $= \frac{12}{42,7}$ . . . . $\cong$ 0,28 „ „ [2])

Nunmehr ergeben sich unter Benutzung der Hilfstafel VII und unter Berücksichtigung der Forderung, daß aus praktischen Gründen die Kanalabmessungen möglichst über mehrere Teilstrecken ungeändert bleiben sollen, die in der Zusammenstellung H für die Teilstrecken 1—7 eingetragenen Durchmesser (Spalte d).

Für die Teilstrecke 8 ergäbe sich auf diese Weise $d_8 = 200$ mm und $v = 9,0$ m/s. Nun ist aber zu bedenken, daß Teilstrecke 8 unmittelbar an den Ausblasquerschnitt F_2 anschließt. Man wird daher zweckmäßig $v_8 = v_{F_2} = 8,0$ m/s ansetzen. Hieraus folgt aus Hilfstafel VII: $d_8 = 220$ mm.

$\zeta_8 = 0,5$... Allmählicher Übergang vom runden Rohr d_8 auf den rechteckigen Ausblasstutzen.

b) Annahme der je 6,0 m langen Abzweigstrecken. Die Abzweigstutzen werden so angenommen, daß in ihnen etwa die mittlere der in dem zugehörigen Knotenpunkt auftretenden Geschwindigkeiten herrscht.[3]) Bei kürzeren Abzweigen werden die so gewonnenen Abmessungen, falls nichts anderes bestimmt ist, für die ganze Abzweigstrecke angesetzt. Längere Abzweigleitungen werden, vom Gesamtdruck in dem betreffenden Knotenpunkt ausgehend, sinngemäß der Hauptleitung angenommen. In jedem Fall hat der „Annahme" die Nachrechnung zu folgen.

$d_9 = ?$ $v_1 = 2,5$ m/s; $v_2 = 4,5$ m/s; $v_9 \cong 3,5$ m/s; hiermit aus Hilfstafel VII, zugehörig $L = 0,025$ m³/s....$d_9 = 95$ mm.

Ebenso $d_{10} = 85$ mm, $d_{11} = 85$ mm, $d_{12} = 95$ mm, $d_{13} = 80$ mm, $d_{14} = 70$ mm, $d_{15} = 85$ mm.

c) Nachrechnung des ungünstigsten Stranges und einer Abzweigstrecke, z. B. Nr. 12. Es werden die ζ-Werte unter Benutzung der Hilfstafel VI bestimmt und dann die Spalten g, h und i mit Hilfe der Tafel VII ausgefüllt. Die Abzweigwiderstände werden, genau wie bei der Wasserheizung, nicht in der gemeinsamen Teilstrecke, sondern in den Einzelschenkeln des Abzweigs berücksichtigt (s. a. S. 14).

[1]) Die Rohrleitung wird zwischen 100 und 300 mm geschätzt. Daher nach Zusammenstellung G (S. 32) 40 v. H.

[2]) Natürlich kann auch eine andere als die hier gewählte gleichmäßige Druckverteilung angenommen werden.

[3]) Weitere Forschungen hierüber sind erforderlich. S. a. Fußnoten zur Hilfstafel VI.

Zusammenstellung H.

Nr. der Teilstrecke	Luftmenge m^3/s	l m	d mm	v m/s	$\Sigma\zeta$	$R/1$ m mm WS	lR mm WS	Z mm WS
a	b	c	d	e	f	g	h	i
1	0,033	4,0	130	2,5	1,3[1])	0,08	0,3	0,5
2	0,058	3,6	130	4,5	0,7	0,22	0,8	0,9
3	0,086	5,2	130	6,0	0,4	0,46	2,4	0,9
4	0,117	6,7	180	5,0	0,4	0,16	1,1	0,6
5	0,156	5,1	180	6,5	0,4	0,28	1,4	1,1
6	0,189	4,3	180	7,0	0,3	0,39	1,7	0,9
7	0,217	7,8	200	7,0	0,4[2])	0,30	2,3	1,2
8	0,267	6,0	220	8,0	0,5	0,27	1,6	2,0

$\Sigma(lR + Z)_1^8 = 11{,}6 + 8{,}1 = 19{,}7$ mm WS. Nichts zu ändern.

Nr. der Teilstrecke	Luftmenge m^3/s	l m	d mm	v m/s	$\Sigma\zeta$	$R/1$ m mm WS	lR mm WS	Z mm WS
12	0,039	6,0	95	6,0	2,0[3])	0,55	3,3	4,4

$(lR + Z)_{12} + \Sigma(lR + Z)_5^8 + 19{,}9$ mm WS. Nichts zu ändern.

[1]) Nach Tafel VI
$D = d_2 = 130$
$d_a = d_9 = 95$
$D \cong 1{,}5\, d_a$
$\Sigma\zeta = 0{,}8 + 0{,}5.$

[2]) $D = d_8 = 200$
$d_a = d_{15} = 85$
$D \cong 2{,}0\, d_a$
$\zeta = 0{,}4$

[3]) $\Sigma\zeta = 1{,}5 + 0{,}5$

Die Durchrechnung des Beispiels 8 für rechteckige Kanäle zeigt Zusammenstellung K. Hier ist zu beachten, daß aus praktischen Gründen mindestens eine Kanalseite möglichst über mehrere Teilstrecken ungeändert bleiben solle. Man beginnt mit der Ermittlung der ζ-Werte für den ungünstigsten Strang. [Hilfstafel VI.]

$$\text{Z. B. für Teilstr. 1} \quad \sqrt{\frac{L_2}{L_9}} = \sqrt{\frac{210}{90}} \simeq 1{,}5 \quad \zeta_d = 0{,}7 \quad \Sigma\zeta_1 = 0{,}7 + 0{,}5 = 1{,}2.$$

In der Teilstrecke 8 erfolgt der Übergang auf den Ausblasquerschnitt des Übergangsstutzens, wofür $\zeta_8 = 0{,}5$ angesetzt wird.

Nun folgt aus Zusammenstellung K ... $\Sigma\zeta = 4{,}0$. Für ΣZ stehen zur Verfügung 0,4 H = 8 mmWS. Hiermit folgert aus Hilfstafel VII ... $v = 5{,}0$ bis 6,0 m/s. Wäre keine andere Beschränkung vorhanden, so könnte für die ganze Hauptleitung (einschl. der Abzweigstutzen) diese Geschwindigkeit unveränderlich angesetzt werden. Hierbei würde man mit Rücksicht darauf, daß die Reibung in rechteckigen Kanälen verhältnismäßig größer ist wie in runden den niedrigeren v-Wert nehmen. Im vorliegenden Fall ist aber zu beachten, daß die Ausblasgeschwindigkeit des Übergangsstutzens 8,0 m/s beträgt, weshalb es zweckmäßig erscheint, in den ersten Teilstrecken unter $v = 5{,}0$ herabzugehen, in den letzten Teilstrecken dafür langsam auf $v = 8{,}0$ anzusteigen*). Naturgemäß muß immer $\Sigma Z \lesseqgtr 8$ mmWS sein.

Zusammenstellung K.

Nr. der Teilstrecke	l m	$\Sigma\zeta$	v m/s	Z mm WS	L m^3/s	F m^2	$a \times b$ mm × mm	d_g mm	$R/1$ m mm WS	lR mm WS
1	4,0	1,2	4,0	1,2	0,033	0,0083	120 × 70	90	0,31	1,2
2	3,6	0,6	4,0	0,6	0,058	0,0145	120 × 120	120	0,21	0,8
3	5,2	0,4	4,0	0,4	0,086	0,0215	120 × 180	140	0,17	0,9
4	6,7	0,4	5,0	0,6	0,117	0,0235	140 × 180	160	0,21	1,4
5	5,1	0,3	6,0	0,7	0,156	0,0260	140 × 190	160	0,31	1,6
6	4,3	0,2	7,0	0,6	0,189	0,0270	140 × 200	160	0,37	1,6
7	7,8	0,4	7,5	1,4	0,217	0,0285	140 × 200	160	0,45	3,5
8	6,0	0,5	8,0	2,0	0,267	0,0334	180 × 200	190	0,45	2,7
		$\Sigma\zeta = 4{,}0$	$\Sigma Z = 7{,}5$ mm WS.							$\Sigma lR = 13{,}7$ mm WS

Somit $\Sigma(lR + Z)_1^8 = 21{,}2$ mmWS. Da nur 20,0 mmWS zur Verfügung stehen, wird Teilstr. 7 so geändert, daß $v_7 = 7{,}0$ m/s wird. Es ergibt sich: $Z_7 = 1{,}2$ (d. i. —0,2);

*) Dieses Ansteigen der v-Werte gegen den Bläser empfiehlt sich übrigens auch sonst, weil man dadurch die Abmessungen der großen Kanäle verhältnismäßig verkleinern kann.

ferner $F_7 = 0{,}031$; $(a \times b)_7 = 160 \times 200$; $d_g = 180$; $R/1\,\text{m} = 0{,}31$; $(lR)_7 = 1{,}9$ (d. i. — **1,6**). Somit $\Sigma(lR + Z)_1^8 = 19{,}4$ mmWS.

Für die Bemessung der Abzweigstutzen kann man (wie bei runden Rohren) annehmen, daß die in ihnen auftretende Luftgeschwindigkeit etwa der mittleren Geschwindigkeit in dem betreffenden Knotenpunkt entspricht.

Z. B. $d_{12} = ?$ $v_4 = 5{,}0$ m/s $v_5 = 6{,}0$ m/s $v_{12} = 5{,}5$ m/s.

Es ergibt sich dann: $F_{12} = \dfrac{0{,}039}{5{,}5} = 0{,}0071\,\text{m}^2$; $(a \times b)_{12} = 80 \times 90$ mm; $d_g = 85$ mm;

R l/m $= 0{,}6$ mmWS; $lR = 6 \cdot 0{,}6 = 3{,}6$ mmWS.

$\zeta_{12} = 1{,}5 + 0{,}5 = 2{,}0$; $Z = 3{,}8$ mmWS.

Somit $(lR + Z)_{12} + \Sigma(lR + Z)_5^8 = 7{,}4 + 12{,}3 = 19{,}7$ mmWS, während 20 mm zur Verfügung stehen.

5. Abschnitt.

Luftheizanlagen.

Für Luftheizungen sind alle Berechnungen genau so durchzuführen, wie dies vorstehend beschrieben wurde. Nur sind, entsprechend den Ableitungen in der 21. Mitteilung der Prüfanstalt, die Werte

$$\Sigma(lR) \text{ mit } \left(\frac{\gamma_x}{1{,}2}\right)^{0{,}852} \quad \text{und die Werte} \quad \Sigma Z \text{ mit } \left(\frac{\gamma_x}{1{,}2}\right)$$

zu multiplizieren.

Hierin bedeutet γ_x das Einheitsgewicht der Luft, bezogen auf die in der betreffenden Teilstrecke der Luftheizanlage vorhandene mittlere Kanaltemperatur t_x.

Zur einfacheren Berechnung des Ausdruckes $\left(\frac{\gamma_x}{1{,}2}\right)^{0{,}852}$ dient nachstehende Zusammenstellung L.

Zusammenstellung L.

Werte von $\left(\frac{\gamma_x}{1{,}2}\right)^{0{,}852}$ für verschiedene Temperaturen.

Temperatur °C	$\left(\frac{\gamma_x}{1{,}2}\right)^{0{,}852}$	Temperatur °C	$\left(\frac{\gamma_x}{1{,}2}\right)^{0{,}852}$
0	1,07	45	0,94
5	1,05	50	0,92
10	1,03	55	0,91
15	1,02	60	0,90
20	1,00	65	0,89
25	0,99	70	0,88
30	0,98	75	0,87
35	0,96	80	0,86
40	0,95	85	0,85

6. Abschnitt.

Hochdruck-Dampfheizung (Sattdampf)[1].

A. Theorie.

I. Der wirksame Druck.

Dieser ist für den ungünstigsten Stromkreis stets gegeben, da er sich als Unterschied des bekannten Anfangsdruckes und des verlangten Enddruckes unmittelbar berechnen läßt.

II. Der Reibungswiderstand.

In der 23. Mitteilung der Prüfanstalt[2]) ist die Theorie der Berechnung von Sattdampfleitungen eingehend behandelt, so daß auch hier nur die Ergebnisse jener Forschung gebracht werden.

Ausgegangen wurde in jenen Arbeiten von der allgemeinen Gleichung (3):

$$R = \frac{p_2 - p_1}{l} = a \frac{v^n}{d^m} .$$

Sie erhält, unter Berücksichtigung der in der 23. Mitteilung der Prüfanstalt mitgeteilten Forschungen, die Form:

$$\frac{p_2 - p_1}{l} = 5{,}66\, \gamma^{0{,}852} \frac{v^n}{d^{1{,}281}} \tag{21}$$

Greift man aus dem gesamten in der Literatur befindlichen Stoff jene Untersuchungen heraus, die den Verhältnissen in der Dampfheiztechnik am besten entsprechen, so entsteht aus Gleichung (21):

$$\frac{p_2 - p_1}{l} = 5{,}66\, \gamma^{0{,}852} \frac{v^{1{,}853}}{d^{1{,}281}} \tag{22}$$

Da das Einheitsgewicht des gesättigten Dampfes eine Funktion des Druckes ist, muß Gleichung (22) auf das Längenelement angewendet werden, wodurch sie übergeht in:

$$\frac{dp}{dl} = 5{,}66\, \gamma^{0{,}852} \frac{v^{1{,}853}}{d^{1{,}281}} \tag{23}$$

Ersetzt man v durch den Wert aus der bekannten Gleichung (5):

$$v = \frac{Q \cdot 10^6}{\frac{d^2 \pi}{4} \gamma\, 3600} ,$$

so entsteht:

$$\left.\begin{aligned} \frac{dp}{dl} &= K \frac{Q^{1{,}853}}{d^{4{,}987} \gamma} , \\ K &= \frac{5{,}66 \cdot 10^{7{,}412}}{(9\pi)^{1{,}853}} . \end{aligned}\right\} \tag{24}$$

---

[1]) Obering. Zabura hat das hier gegebene Rechenverfahren auf die Ermittlung von Leitungen für überhitzten Dampf übertragen. Gesundheits-Ingenieur 1917, S. 313 u. f.

[2]) Brabbée-Wierz, Vereinfachtes zeichnerisches oder rechnerisches Verfahren zur Bestimmung der Durchmesser von Dampfleitungen. 23. Mitteilung der Prüfanstalt. Verlag R. Oldenbourg. München-Berlin 1915.

Durch Einführung der für gesättigte Dämpfe geltenden Mollier-Zeunerschen Gleichung $\left(\gamma = \frac{p^{\frac{15}{16}}}{1{,}7235}\right)$ und Integration zwischen den Grenzen $l = 0$ und $l = l$ gewinnt man aus Gleichung (24) die folgende:

$$\frac{B_2 - B_1}{l} = 5611 \cdot 10^6 \frac{Q^{1{,}853}}{d^{4{,}987}} \tag{25}$$

Hierin bedeutet:

$$B_2 = p_2^{1{,}9375} \quad \text{und} \quad B_1 = p_1^{1{,}9375} \tag{26}$$

Berücksichtigt man die Wärmeverluste derart, daß man den durch sie entstehenden Dampfverlust dem zurückgelegten Weg proportional setzt, so erhält man unter Benutzung der für die Reihenentwicklung geltenden mathematischen Gesetze folgende Beziehungen:

1. Für Hochdruck-Dampfleitungen mit geringen Wärmeverlusten:

$$\frac{B_2 - B_1}{l} = \frac{5611 \cdot 10^6}{d^{4{,}987}} \left(Q_1 + \frac{q l}{2}\right)^{1{,}853} \tag{27}$$

Hierin bedeutet, außer den bereits bekannten Größen:

Q_1 die Dampfmenge am Ende der Teilstrecke in kg/h,

q die auf die Rohrlänge 1 m bezogene, durch die Wärmeverluste der Rohrleitung bedingte Niederschlagswassermenge in kg/h.

2. Für Hochdruck-Dampfschlangen:

$$\frac{B_2 - B_1}{l} = \frac{5611 \cdot 10^6}{d^{4{,}987}} \left(\frac{N}{1{,}76}\right)^{1{,}853} \tag{28}$$

worin N die Nutzdampfmenge in kg/h bedeutet.

In den Schlußgleichungen (27) und (28) tritt an Stelle von R, des Reibungsverlustes für 1 m Rohr, die Größe $\frac{B_2 - B_1}{l}$, d. i. der Hilfsgrößenunterschied für 1 m Rohr, wobei die Werte B aus den Drucken p nach der Gleichung (26) zu bilden sind.

III. Die Einzelwiderstände Z.

Die Einzelwiderstände Z werden, genau wie sonst, nach der allgemeinen Gleichung (4) behandelt:

$$Z = \Sigma \zeta \frac{v^2}{2g} \gamma \tag{4}$$

Es ist hier jedoch zu bedenken, daß sich der Wert γ mit dem mittleren Druck p jeder Teilstrecke ändert. Bei der Hochdruck-Dampfheizung kann demnach, abweichend von dem bisherigen Gebrauch, der Wert Z nur für $\zeta = 1$ abhängig von den verschiedenen Spannungen entwickelt werden.

B. Die Hilfstafeln X, XI und ihre Anwendung.

(Streifband C.)

a) Allgemeines.

Die Hilfstafel X enthält nach Gleichung (26) die Werte:

$$B = p^{1{,}9375},$$

so daß für jeden Druck p in kg/m² die Hilfsgröße B und umgekehrt sofort abzulesen ist.

Zur Herstellung der Hilfstafel XI wurden die Gleichungen (26), (27) und die bekannten Beziehungen (4) und (5) benutzt. Die Hilfstafel enthält demnach:

die geförderten Dampfmengen in kg/h in den wagerechten Spalten I,

die mittlere Dampfgeschwindigkeit in m/s in den wagerechten Spalten II. Jedoch ist hier ausdrücklich zu bemerken, daß die betreffenden Werte nur für das spezifische Dampfgewicht $\gamma = 1$ gelten. Will man die wirkliche, dem Druck p_n entsprechende Dampfgeschwindigkeit haben, so ist der angegebene Geschwindigkeitswert durch γ^n (Einheitsgewicht des Dampfes beim Druck p_n) zu dividieren,

die Rohrdurchmesser von 11 bis 290 mm l. W.,

die Hilfsgrößenunterschiede $\frac{B_2 - B_1}{l}$ für 1 m Rohr,

die Einzelwiderstände für $\zeta = 1$ [1]).

b) Annahme der Rohrweite.

Begonnen wird mit dem ungünstigsten Stromkreis und für ihn der zur Verfügung stehende Druckabfall bestimmt. Hiervon ist der Anteil der Einzelwiderstände nach Zahlentafel 20 des „Leitfadens" abzuziehen. Dadurch ergibt sich der für die Überwindung der Reibung anzusetzende Anfangs- bzw. Enddruck p_2 bzw. p_1.

Hierauf sucht man aus der Hilfstafel X die entsprechenden Werte B_2 und B_1 auf und dividiert ihren Unterschied durch die gesamte Stromkreislänge[2]).

Dadurch wird die Größe $\frac{B_2 - B_1}{l}$ erhalten. Diese wird nun in der Hilfstafel XI herausgegriffen und auf der gleichen Wagerechten die geförderte Dampfmenge in den Reihen I gesucht. **Darüber** steht der zu wählende Durchmesser.

Bei Dampfleitungen mit geringen Wärmeverlusten werden letztere zunächst vernachlässigt. Bei Dampfschlangen ist deren Nutzdampfmenge N durch 1,76 zu dividieren und erst der Quotient in der Reihe I aufzusuchen.

c) Nachrechnung der Rohrleitung für die Ausführung.

Bekannt sind nunmehr die Rohrdurchmesser. Man stellt zunächst die Wärmeverluste in der betreffenden Teilstrecke fest, wobei man für gut vor Wärmeabgabe geschützte Dampfleitungen annehmen kann:

$$q = \frac{D}{\lambda} \text{ }^{3)}$$

q in kg/h, D in mm, λ Verdampfungswärme in WE/kg.

Hierauf wird die in dem Endquerschnitt der bezüglichen Teilstrecke (von der Länge l) zu fördernde Dampfmenge Q_1 um den halben Wärmeverlust in der Teilstrecke, d. i. um $\frac{ql}{2}$, erhöht und die Summe in der Reihe I der Zahlentafel XI aufgesucht. Links weiterschreitend findet man den Wert $\frac{B_2 - B_1}{l}$, der mit l zu multiplizieren ist. Da der Wert B_1, entsprechend dem Anfangsdruck in der

[1]) Für jene Ingenieure, die gern das zeichnerische Verfahren anwenden, ist der 23. Mitteilung der Prüfanstalt das Hilfsblatt I beigegeben worden. Es enthält alle Angaben der Hilfstafel XI und ist genau so wie diese zu verwenden.

[2]) Es ist naturgemäß auch zulässig, den Hilfsgrößenverlust ungleichmäßig auf die ganze Länge aufzuteilen.

[3]) Siehe „Leitfaden" I. Teil S. 332.

Teilstrecke p_1, bekannt ist, ergibt sich hieraus B_2 und mit Hilfe der Tafel X der Anfangsdruck in der Teilstrecke p_2[1]).

Zur richtigen Berücksichtigung der Einzelwiderstände ist zunächst möglichst genau der an der Stelle des Einzelwiderstandes herrschende Druck und die dort vorhandene Dampfmenge zu ermitteln. Letzterer Wert wird in den Zeilen I der Hilfstafel XI aufgesucht. Darunter steht in der Zeile II die Dampfgeschwindigkeit (für $\gamma = 1$). Der betreffende Wert wird in die links auf demselben Behelf stehende Widerstandstafel übertragen und zugehörig zu dem herrschenden Druck der Wert Z für $\zeta = 1$ gefunden. Dieser Betrag ist noch mit $\Sigma\zeta$ zu multiplizieren.

Naturgemäß muß auch hier die Summe aus den für die Überwindung der Reibungen und Einzelwiderstände sich ergebenden Drucken gleich oder kleiner als der zur Verfügung stehende Druckabfall sein.

Dampfschlangen werden genau so gerechnet, nur ist statt der Nutzdampfmenge N der Wert $\frac{N}{1,76}$ zu verwenden.

C. Beispielsrechnung.

Beispiel 9. Berechnung der in Abb. 12 dargestellten Verteilleitung eines Fernheizwerkes.

Bei A, B', C', D' befinden sich die Verteiler der entsprechenden Gebäude, bei E der Verteiler im Maschinenraum. Die Dampfspannung bei E betrage 7,0, jene bei A, B', C' und D'... 2,5 at. abs. Die Dampfleistungen und Rohrlängen folgen aus nachstehender Zusammenstellung M.

Zusammenstellung M.

Nummer der Teilstrecke	Nutzbare Dampfmenge Q in kg/h	Rohrlänge l in m
1	1430	200
2	2010	88
3	3440	88
4	1530	90
5	4970	156
6	2110	110
7	7080	210

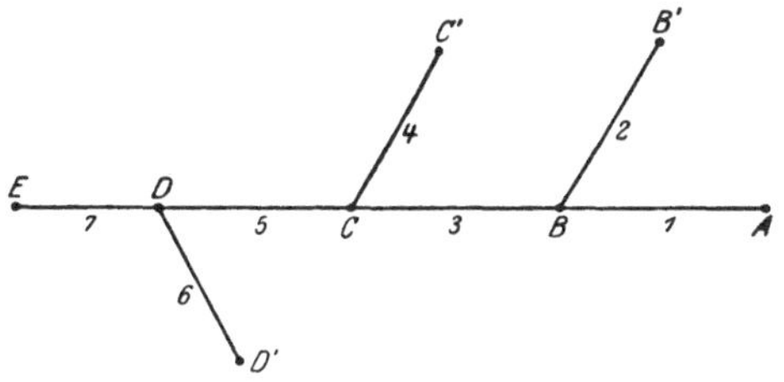

Abb. 12.

a) Annahme der Rohrleitung.

Anfangsdruck	70 000 kg/m²
Enddruck	25 000 „
Unterschied	45 000 kg/m²

Der mittlere Gebäudeabstand beträgt 100 m. Somit würde nach Zahlentafel 20 des „Leitfadens“ der Anteil der Einzelwiderstände 10 v. H. betragen. Da jedoch bei der gewählten Anordnung mit der Einschaltung von Ausgleichern in jede Teilstrecke zu rechnen ist, soll der Anteil der Einzelwiderstände mit 20 v. H. angenommen werden. Bei mehrfacher Anwendung von Wasserabscheidern wäre der Anteil der Einzelwiderstände weiter zu erhöhen.

Bei Annahme der 20 v. H. bleiben für die Überwindung der Reibungswiderstände 36 000 kg/m² übrig. Bei dem gegebenen Enddruck von $p_1 = 25\,000$ kg/m² ergibt sich so-

[1]) Entsprechend dem Rechnungsgang wird von p_1 umgekehrt zur Dampfrichtung $\overrightarrow{p_2 \quad p_1}$ nach p_2 fortgeschritten.

nach ein Anfangsdruck von $p_2 = 61\,000$ kg/m². Die Wärmeverluste der Rohrleitung werden zunächst vernachlässigt. Die Länge des ungünstigsten Rohrzuges (1, 3, 5 und 7) beträgt $l = 654$ m. Die den Werten p_2 und p_1 entsprechenden Größen B_2 und B_1 ergeben sich aus Hilfstafel X wie folgt:

$$B_2 = 1870 \cdot 10^6$$
$$B_1 = 331 \cdot 10^6$$
$$\frac{B_2 - B_1}{l} = \frac{1539 \cdot 10^6}{654} \text{ [1]}$$
$$\frac{B_2 - B_1}{l} = 2350000\,.$$

Unter Zugrundelegung dieses Wertes wird aus der Hilfstafel XI sofort gefunden:

Nummer der Teilstrecke	Zu fördernde Dampfmenge Q in kg/h	Anzunehmender Durchmesser d in mm
1	1430	70
3	3440	100
5	4970	113
7	7080	131

Für die Teilstrecken 1, 3, 5, 7 ergibt sich der Wert $B_2 - B_1$ zu:

1. $200 \cdot 2{,}35 \cdot 10^6 = 470 \cdot 10^6$,
3. $88 \cdot 2{,}35 \cdot 10^6 = 207 \cdot 10^6$,
5. $156 \cdot 2{,}35 \cdot 10^6 = 366 \cdot 10^6$,
7. $210 \cdot 2{,}35 \cdot 10^6 = 494 \cdot 10^6$.

Sonach ist der Wert $\frac{B_2 - B_1}{l}$

für Teilstrecke $2 = \frac{470 \cdot 10^6}{88} = 5{,}34 \cdot 10^6$,

" " $4 = \frac{677 \cdot 10^6}{90} = 7{,}52 \cdot 10^6$,

" " $6 = \frac{1043 \cdot 10^6}{110} = 9{,}49 \cdot 10^6$.

Hieraus folgt sofort:

$$d_2 = 70 \text{ mm.}$$
$$d_4 = 57 \text{ „}$$
$$d_6 = 64 \text{ „}$$

b) Nachrechnung der Rohrleitung.

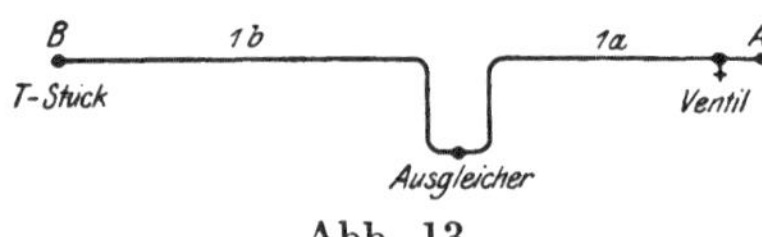

Abb. 13.

Der Gang der Nachrechnung der einzelnen Teilstrecken soll an Teilstrecke 1 erläutert werden. Die vollständige Nachrechnung der gesamten Verteilleitung ist in Zusammenstellung N enthalten.

Teilstrecke 1.

Die erste Hälfte der Teilstrecke (vom Ventil bis zum Ausgleicher) sei mit 1a, die zweite Hälfte (vom Ausgleicher bis zum Abzweig) mit 1b bezeichnet (Abb. 13).

α) Einzelwiderstand am Anfang der Teilstrecke 1a.

Ventil . . . . $\zeta = 7{,}0$
Durchmesser . . . . . . $d = 70$ mm
Abs. Druck . . . . $p = 25\,000$ kg/m²
Dampfgewicht . . . . . . $Q = 1430$ kg.

Aus der Hilfstafel XI ergibt sich die Dampfgeschwindigkeit $v = 100$ m/s (für $\gamma = 1$) und der Ventilwiderstand $Z = 7 \cdot 375 = 2625$ kg/m².

[1] Man kann selbstverständlich auch eine andere als die hier gewählte **gleichmäßige** Aufteilung der Größe $B_2 - B_1$ annehmen.

Zusammenstellung N.

Nr. der Teilstrecke	Länge l (m)	Durchmesser d (mm)	Dampfgewicht am Anfang der Teilstrecke Q_1 (kg/h)	Wärmeverlust auf dem Wege l ql (kg/h)	Dampfgewicht am Ende der Teilstrecke $Q_2 = Q_1 + ql$ (kg/h)	Einzelwiderstand am Anfang der Teilstrecke: Art des Widerstandes	ζ	Abs. Druck P (kg/m²)	Druckverlust Z (kg/m²)	Reibungswiderstand der Teilstrecke: Mittleres Dampfgewicht $Q_1 + \frac{ql}{2}$ (kg/h)	Anfangsdruck für Reibung $p_1 = P + Z$ (kg/m²)	Hilfswert B_1	$B_2 - B_1$	Hilfswert B_2	Enddruck für Reibung p_2 (kg/m²)	Einzelwiderstand am Ende der Teilstrecke: Art des Widerstandes	ζ	Abs. Druck P (kg/m²)	Druckverlust Z (kg/m²)	Druck im Punkt
1 a	100	70	1430	15	1445	Ventil	7,0	25 000	2625	1438	27 625	$403 \cdot 10^6$	$250 \cdot 10^6$	$653 \cdot 10^6$	35 450	—	—	—	—	
1 b	100	70	1445	15	1460	Ausgleicher	4,0	35 450	1070	1453	36 520	$691 \cdot 10^6$	$250 \cdot 10^6$	$941 \cdot 10^6$	42 800	T-Stück Durchgang	1,0	42 800	225	B : 43 025
2 a	44	70	2010	6	2016	Ventil	7,0	25 000	5110	2013	30 110	$475 \cdot 10^6$	$198 \cdot 10^6$	$673 \cdot 10^6$	36 050	—	—	—	—	
2 b	44	70	2016	6	2022	Ausgleicher	4,0	36 050	2080	2019	38 130	$751 \cdot 10^6$	$198 \cdot 10^6$	$949 \cdot 10^6$	43 000	T-Stück Abzweig	1,5	43 000	660	B : 43 660
3 a	44	100	3482	9	3491	—	—	—	—	3487	43 660	$978 \cdot 10^6$	$92 \cdot 10^6$	$1070 \cdot 10^6$	45 800	—	—	—	—	
3 b	44	100	3491	9	3500	Ausgleicher	4,0	45 800	1220	3496	47 020	$1130 \cdot 10^6$	$92 \cdot 10^6$	$1222 \cdot 10^6$	49 000	T-Stück Durchgang	1,0	49 000	290	C : 49 290
4 a	45	57	1530	6	1536	Ventil	7,0	25 000	8470	1533	33 470	$584 \cdot 10^6$	$365 \cdot 10^6$	$949 \cdot 10^6$	43 000	—	—	—	—	
4 b*)	45	57	1536	6	1542	Ausgleicher	4,0	43 000	2940	1539	45 940	$1078 \cdot 10^6$	$365 \cdot 10^6$	$1443 \cdot 10^6$	53 400	T-Stück Abzweig	1,5	53 400	900	C : 54 300 *)
4 b	45	64	1536	6	1542	Ausgleicher	4,0	43 000	1770	1539	44 770	$1027 \cdot 10^6$	$202 \cdot 10^6$	$1229 \cdot 10^6$	49 150	T-Stück Abzweig	1,5	49 150	590	C : 49 740
5 a	78	113	5042	19	5061	—	—	—	—	5052	49 740	$1260 \cdot 10^6$	$195 \cdot 10^6$	$1455 \cdot 10^6$	53 600	—	—	—	—	
5 b	78	113	5061	19	5080	Ausgleicher	4,0	53 600	1440	5071	55 040	$1530 \cdot 10^6$	$195 \cdot 10^6$	$1725 \cdot 10^6$	58 500	T-Stück Durchgang	1,0	58 500	330	D : 58 830
6 a	55	64	2110	7	2117	Ventil	7,0	25 000	8470	2114	33 460	$584 \cdot 10^6$	$445 \cdot 10^6$	$1029 \cdot 10^6$	44 800	—	—	—	—	
6 b	55	64	2117	7	2124	Ausgleicher	4,0	44 800	2820	2121	47 620	$1157 \cdot 10^6$	$445 \cdot 10^6$	$1602 \cdot 10^6$	56 350	T-Stück Abzweig	1,5	56 350	860	D : 57 210
7 a	105	131	7204	29	7233	—	—	—	—	7219	58 830	$1742 \cdot 10^6$	$221 \cdot 10^6$	$1963 \cdot 10^6$	62 600	—	—	—	—	
7 b	105	131	7233	29	7262	Ausgleicher	4,0	62 600	1240	7248	63 840	$2040 \cdot 10^6$	$221 \cdot 10^6$	$2261 \cdot 10^6$	67 300	Ventil	7,0	67 300	2030	E : 69 330

*) Teilstrecke 4b von 57 auf 64 erweitert.

β) Reibungswiderstand der Teilstrecke 1a.

Die dem Wärmeverlust für 1 m Länge der Teilstrecke entsprechende Niederschlagswassermenge kann bei gut geschützten Rohren nach dem „Leitfaden" (V. Aufl., I. Teil, S. 332) mit

$$q = \frac{D}{\lambda}\,{}^{1})$$

angesetzt werden. Wegen der geringen Größe des Wärmeverlustes kann für alle Teilstrecken eine mittlere Verdampfungswärme angenommen werden.

Für $p_2 = 70\,000$ kg/m² ist $\lambda = 496$
Für $p_1 = 25\,000$ kg/m² ist $\lambda = 522$
Sonach ist der Mittelwert von $\lambda = 510$ WE

Somit ergibt sich der für die Berechnung der Reibung der Teilstrecke 1a benötigte Wert

$$\frac{q\,l}{2} = \frac{76 \cdot 100}{2 \cdot 510} = 7{,}5 \text{ kg},$$

$$Q = 1430 \text{ kg},$$

$$Q + \frac{q\,l}{2} = 1438 \text{ kg},$$

$$p_1 = p + Z = 27\,625 \text{ kg/m}^2.$$

Aus den Hilfstafeln X bzw. XI wird entnommen:

$$B_1 = 403 \cdot 10^6 \quad (\text{entsprechend } p_1 = 27\,625 \text{ kg/m}^2)$$
$$B_2 - B_1 = 250 \cdot 10^6\,{}^{2})$$
$$B_2 = 653 \cdot 10^6$$
$$p_2 = 35\,450 \text{ kg/m}^2$$

γ) Einzelwiderstand am Anfang der Teilstrecke 1b.

Ausgleicher . . . . $\zeta = 4{,}0$
Durchmesser . . . . $d = 70$ mm
abs. Druck . . . . $p = 35\,450$ kg/m²
Dampfgewicht . . . . $Q = 1430 + q\,l = 1445$ kg
(siehe auch α) . . . . . . $Z = 1070$ kg/m².

δ) Reibungswiderstand der Teilstrecke 1b.

$$Q + \frac{q\,l}{2} = 1445 + 8 = 1453 \text{ kg}$$
$$p_1 = p + Z = 35\,450 + 1070 = 36\,520 \text{ kg/m}^2$$
$$B_1 = 691 \cdot 10^6$$
$$B_2 - B_1 = 250 \cdot 10^6 \quad (\text{siehe auch } \beta)$$
$$B_2 = 941 \cdot 10^6$$
$$p_2 = 42\,800 \text{ kg/m}^2$$

ε) Einzelwiderstand am Ende der Teilstrecke 1b.

T-Stück, Durchgang: $\zeta = 1{,}0$
$d = 70$ mm
$p = 42\,800$ kg/m²
$Q = 1445 + q\,l = 1460$ kg
$Z = 225$ kg/m²

Der Druck im Punkte B beträgt demnach $42\,800 + 225 = 43\,025$ kg/m². In derselben Weise wird die Nachrechnung für die übrigen Teilstrecken durchgeführt. Eine übersichtliche Zusammenstellung dieser Rechnung gibt Zusammenstellung N. Aus derselben ist zu erkennen, daß auf Grund der Nachrechnung nur die eine durch *) bezeichnete Hälfte der

¹) D = äußerer Durchmesser der Teilstrecke in mm.

²) Nach Hilfstafel XI:

Gesamtdampfmenge . . . . 1438 kg
Rohrdurchmesser . . . . 70 mm

$$\frac{B_2 - B_1}{l} = 2\,500\,000 = 2{,}5 \cdot 10^6; \quad l = 100.$$

Teilstrecke 4 geändert zu werden brauchte, im übrigen alle Durchmesser gemäß der Annahme beibehalten werden konnten.

Das durchgeführte Beispiel zeigt, daß bei der Berechnung der Rohrleitungen für die tiefste Außentemperatur die Wärmeverluste der Leitungen im allgemeinen vernachlässigt werden könnten. Es würde noch besser sein, sie in überschlägiger, aber praktisch völlig ausreichender Weise dadurch zu berücksichtigen, daß man die für jede Teilstrecke in Frage kommende nutzbare Dampfmenge um 5 v. H. erhöht. Da bei Hochdruckfernleitungen öfters auch Rechnungen vorkommen, bei denen die Wärmeverluste in anderer Weise berücksichtigt werden müssen (z. B. bei Nachrechnung der Leitungen für mittlere Wintertemperatur), haben wir davon abgesehen, den Wärmemaßstab, wie dies bei der Niederdruck-Dampfheizung geschehen ist[1]), um 5 v. H. zu erhöhen.

Andere Beispiele, und zwar die Nachrechnung der Eberleschen Versuche (Heft 78 der Mitteilungen über Forschungsarbeiten des Vereins deutscher Ingenieure) und die Berechnung einer Hochdruckheizschlange, finden sich in der 23. Mitteilung der Prüfanstalt.

7. Abschnitt.

Niederdruck-Dampfheizung.

A. Theorie[2]).

I. Wirksame Druckhöhe.

Der wirksame Druck ist auch bei Niederdruck-Dampfheizungen unmittelbar gegeben und schwankt im allgemeinen zwischen wenigen Millimetern und 2 m Wassersäule.

II. Der Reibungswiderstand.

a) Die Rohrleitungen sind gut vor Wärmeverlusten geschützt.

Zur Entwicklung der Hauptgleichung wird auf Gleichung (24) zurückgegriffen. In ihr kann, wie in der 23. Mitteilung der Prüfanstalt bewiesen ist, ein Mittelwert für $\gamma = 0{,}656$ kg/m² und eine mittlere Verdampfungswärme λ

$$\lambda = 538 \text{ WE/kg}$$

eingeführt werden.

Aus letzterer Beziehung folgt sofort $Q \cdot 538 = W$, worin W die durch die betreffende Dampfleitung zu fördernde Wärmemenge in WE/h bedeutet.

Nach Einführung dieser Größen, Integration, Berücksichtigung der Wärme-

---

[1]) Siehe diese.

[2]) In der mir unterstehenden Prüfanstalt ist eine vollständige Versuchsdampfanlage aufgebaut, an der die Strömungsverhältnisse in lotrechten Dampfleitungen und die günstigsten Druckverhältnisse in Niederdruck-Dampfheizungen untersucht werden sollen. An Ergebnissen liegt hierüber bisher folgendes vor:

a) Der Dampfeintrittsdruck in Radiatoren ist nicht wie bisher mit 10 kg/m² anzusetzen. Man ermittelt diesen Druck, genau wie bei Wasserheizungen, nach der Gleichung $Z = \zeta \frac{v^2}{2g} \gamma$, worin v die Dampfgeschwindigkeit im Anschlußrohr vorstellt. Als ζ-Wert ist jedoch nur der halbe für Wasserheizkörper gültige Wert, also $\zeta = 1{,}5$, anzunehmen.

b) Für lotrechte, gut entwässerte Steigstränge können bei geringem Druckgefälle (bis 10 kg/m² für 1 lfd. m) die für wagerechte Dampfleitungen gültigen Werte verwendet werden.

c) Die Annahme von Drosseldrücken vor den Heizkörper-Regelvorrichtungen = 40 v. H. des Kesseldruckes ist, mit Rücksicht auf die hierdurch bedingten Geräuscherscheinungen, nicht zu empfehlen.

Der Krieg hat die Fortsetzung der Beobachtungen außerordentlich verzögert. Nach Beendigung der Untersuchungen wird eine „Mitteilung" der Prüfanstalt die wichtigsten Forschungsergebnisse bekanntgeben. Der Verfasser.

verluste und Reihenentwicklung geht Gleichung (24), wie in der 23. Mitteilung ausführlich dargelegt ist, über in:

$$\frac{p_2 - p_1}{l} = R = 4{,}1 \frac{\left(W + \frac{w\,l}{2}\right)^{1,853}}{d^{4,987}} \tag{28}$$

Hierin stellt w den stündlichen Wärmeverlust der Teilstrecke in WE, bezogen auf 1 m Rohr, dar. In der 23. Mitteilung ist eingehend erörtert, daß es mit Rücksicht auf die Einfachheit des Verfahrens zweckmäßig erscheint, für gut vor Wärmeabgabe geschützte Rohrleitungen

$$W + \frac{wl}{2} = 1{,}05\,W \tag{29}$$

zu setzen. Darin bedeutet W die Summe der Wärmeleistungen jener Heizkörper (WE/h), die durch die betreffende Teilstrecke mit Dampf zu versorgen sind. Es soll auch an dieser Stelle ausdrücklich bemerkt werden, daß für alle gewöhnlichen Fälle Gleichung (29) die Wärmeverluste in praktisch ausreichender Weise berücksichtigt.

Sonach geht Gleichung (28) über in:

$$\frac{p_2 - p_1}{l} = R = 4{,}1 \frac{(1{,}05\,W)^{1,853}}{d^{4,987}} \tag{30}$$

b) Die Rohrleitungen sind nackt.

In diesem Fall ist für überschlägige Rechnungen zu den Werten 1,05 W ein weiterer Zuschlag von 10 v. H. zu geben. Bei eingehenderen Feststellungen ist der Wärmeverlust unter Benutzung der Zahlentafel 15 des „Leitfadens" zu bestimmen.

Für Dampfschlangen führt die theoretische Entwicklung, die in der 23. Mitteilung ungekürzt durchgeführt ist, zu folgender Endgleichung:

$$\frac{p_2 - p_1}{l} = R = \frac{4{,}1}{d^{4,987}} \left(\frac{M}{1{,}85}\right)^{1,853} \tag{31}$$

worin M die Nutzleistung der Schlange in WE/h bedeutet.

III. Einzelwiderstände.

Auch hier gilt die bekannte Gleichung (4), die jetzt folgende Form annimmt:

$$Z = \Sigma \zeta \frac{v^2}{2\,g} 0{,}656\,. \tag{32}$$

B. Die Hilfstafel XII und ihre Anwendung.

(Streifband C.)

a) Allgemeines.

Durch Verbindung der Gleichungen (30), (32) und der bekannten Beziehung (5) entsteht das Hilfsblatt XII, das folgendes enthält:

die Werte 1,05 W in WE/h in den wagerechten Zeilen I. Greift man daher in Zeile I irgendeine Wärmemenge heraus, so arbeitet man nicht mit diesem Wert, sondern mit einer um 5 v. H. größeren Zahl. Auf diese Weise werden in allen gewöhnlichen Fällen die Wärmeverluste gut geschützter Leitungen, ohne jede Nebenrechnung, ausreichend berücksichtigt,

die Dampfgeschwindigkeiten in m/s in den wagerechten Zeilen II,

die Reibungswiderstände R in kg/m²,

die Rohrdurchmesser von 11 bis 290 mm l. W.,
die Einzelwiderstände Z in kg/m² für $\Sigma\,\zeta = 1$ bis 15[1]).

b) Annahme der Rohrleitung.

1. Die Rohre sind vor Wärmeverlusten gut geschützt.

Man beginnt mit dem ungünstigsten, d. i. im allgemeinen mit dem längsten Stromkreis. Von dem zur Verfügung stehenden Drucke wird der Anteil der Einzelwiderstände nach Zahlentafel 20 des „Leitfadens“ abgezogen und der Rest durch die Rohrlänge dividiert. Hierdurch wird der Druckabfall R für 1 m Rohr erhalten[2]). Diesen Wert sucht man in der Hilfstafel XII auf, schreitet in derselben Wagerechten nach rechts weiter und findet für die in jeder Teilstrecke geförderte Wärmemenge (Zeile I) am Kopf den zu wählenden Durchmesser.

Für Rohrleitungen, in denen das Niederschlagswasser dem Dampf entgegenströmt[3]), wird vorsichtshalber ein Druckabfall von 5 kg/m² angenommen und danach, unter Benutzung der Hilfstafel XII, der zu wählende Durchmesser bestimmt.

2. Die Rohrleitungen sind nackt.

Das Verfahren ist genau gleichartig, jedoch sind sämtliche Wärmeleistungen um 10 v. H. zu erhöhen und erst diese Werte in der wagerechten Zeile I aufzusuchen.

3. Dampfschlangen.

Das Verfahren ist grundsätzlich dasselbe wie unter 2., nur ist die Nutzleistung der Schlange durch 1,85 zu dividieren und erst der Quotient in der wagerechten Zeile I aufzusuchen.

c) Nachrechnung der Rohrleitung.

1. Die Rohre sind gut vor Wärmeabgabe geschützt.

Da die Durchmesser nun bekannt sind, werden in den betreffenden lotrechten Spalten die geförderten Wärmemengen (unter I) aufgesucht und hierzu, nach links weiterschreitend, die Druckverluste in kg/m² für 1 m Rohr gefunden. Gleichzeitig hat man unmittelbar unter der in Zeile I stehenden Wärmemenge in Zeile II die Dampfgeschwindigkeit ablesen können. Dieser Wert wird in die linke Widerstandstafel übertragen, woselbst für $\Sigma\zeta = 1$ bis 15 die Einzelwiderstände Z in kg/m² sofort abgelesen werden können.

2. Die Rohre sind nackt.

In diesem Fall sind die Wärmeverluste unter Benutzung der Zahlentafeln 15 und 30 des „Leitfadens“ zu ermitteln und ihr halber Wert zur nutzbaren Wärmemenge zu addieren. Die Summe ist in Zeile I der Hilfstafel XII aufzusuchen. Man rechnet hierdurch allerdings etwas reichlich, da in der Hilfstafel XII alle Wärmemengen um 5 v. H. erhöht sind. In Anbetracht des Umstandes, daß

[1]) Zur zeichnerischen Behandlung ist der 23. Mitteilung der Prüfanstalt das Hilfsblatt II beigegeben worden. Es enthält die Angaben der Hilfstafel XII und ist ebenso wie diese zu verwenden.

[2]) Es ist naturgemäß auch jede andere als die hier gewählte gleichmäßige Verteilung des Druckes möglich.

[3]) Hierzu zählen auch Heizkörperanschlüsse, falls in ihnen das Wasser in umgekehrter Dampfrichtung fließt.

stets nur geringe Längen ungeschützter Rohrleitungen vorhanden sein werden, wird hierdurch eine Verteuerung des Rohrnetzes nicht eintreten.

Soll die Berechnung in einzelnen Fällen genau erfolgen, so sind die gegebenen Wärmemengen erst um 5 v. H. zu verkleinern. Zu den so erhaltenen Werten sind die halben Wärmeverluste zu addieren, wonach die so erhaltenen Werte in den Zeilen I des Hilfsblattes XII aufgesucht werden.

3. Dampfschlangen.

Die Berechnung erfolgt nach dem unter Punkt 1 Gesagten, jedoch sind die Nutzdampfmengen durch 1,85 zu teilen, und es ist erst der Quotient in der Hilfstafel XII (Reihe I) aufzusuchen.

Niederschlagswasserleitungen.

Die Niederschlagswasserleitungen werden nach der Zahlentafel 31 des „Leitfadens", II. Teil, bemessen.

C. Beispielsrechnung.

Beispiel 10. *Voraussetzungen:* Überdruck am Kessel 500 kg/m². Druckabfall in der Hauptleitung gleichmäßig. Sämtliche Rohrleitungen seien gut vor Wärmeabgabe geschützt.

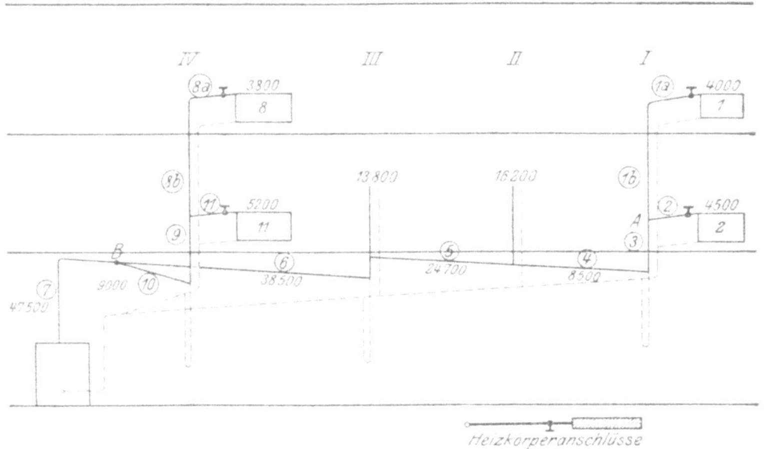

Abb. 14.

Die Anordnung der Anlage geht aus der Abb. 14 hervor, alles übrige aus der Zusammenstellung O.

Aufgabe: Es ist das Rohrnetz zu bemessen.

Lösung:

a) Annahme der Rohrleitung.

α) Ungünstigster Stromkreis 1a, 1b, 3, 4, 5, 6, 7.

Kesselüberdruck . . . . = 500 kg/m²
Ab 50 v. H. für Einzelwiderstände . . . . = 250 „
Bleiben . . . . . = 250 kg/m²

Heizkörperanschluß 1a sowie Teilstrecken 1b und 3, da Wasser dem Dampf entgegenläuft. Druckabfall = 5 kg/m²

Länge der Teilstrecken 1a, 1b, 3 = 7,5 m

Druckverbrauch der Teilstrecken 1a, 1b, 3 = 7,5 · 5 . . . . . = 37,5 kg/m²
Bleiben für Teilstrecken 4, 5, 6, 7. . . . . ≈ 212 kg/m²
Länge der Teilstrecken 4, 5, 6, 7 . . . . = 21 m

Druckabfall für 1 m Rohr $\frac{212}{21}$ . . . . ≈ 10,0 kg/m²

Unter Benutzung des Hilfsblattes XII folgen die Durchmesser in Spalte c der Zusammenstellung O.

β) Heizkörper 2, 11. Druckabfall in Teilstr. 2, 11 . . . . = 5 kg/m²

Zusammenstellung O.

Nr. d. Teilstrecke	Wärmemenge	Länge	Annahme	Ausführung												Unterschied	
				ursprünglich					geändert								
		l	d	$R/1$ m	v	lR	$\Sigma\zeta$	Z	d	$R/1$ m	v	lR	$\Sigma\zeta$	Z		lR	Z
	WE	m	mm	mm WS	m/s	mm WS		mm WS	mm	mm WS	m/s	mm WS		mm WS		$g-n$	$i-p$
a	b	c	d	e	f	g	h	i	k	l	m	n	o	p		q	r
								Heizkörper 1.									
1a	4000	2,0	20	7,0	10	14	18,5	60	Die Erhöhung von 5,0 auf 8,0 Druckabfall ist unbedenklich zulässig.							—	—
1b	4000	4,0	20	7,0	10	28	2,5	8								—	—
3	8500	1,5	25	8,0	14	12	1,5	10								—	—
4	8500	5,0	25	8,0	14	40	1,0	6	—	—	—	—	—	—		—	—
5	24700	5,0	34	14,0	22,5	70	1,5	25	—	—	—	—	—	—		—	—
6	38500	8,0	39	16,0	27,5	128	2,0	49	—	—	—	—	—	—		—	—
7	47500	3,0	49	7,3	20	22	1,5	20	—	—	—	—	—	—		—	—
$\Sigma\,(lR+Z)_1^7$ = 314 + 178 = 492 mm WS																	
								Heizkörper 2.									
2	4500	2,0	20	8,5	12	17	20,0	93	—	—	—	—	—	—		—	—
$\Sigma\,(lR+Z)_2+\Sigma\,(lR+Z)_3^7 = 492$ mm WS																	
								Heizkörper 8.									
8a	3800	2,0	20	6,5	10	13	17,0	60	—	—	—	—	—	—		—	—
8b	3800	4,0	20	6,5	10	26	2,5	8	—	—	—	—	—	—		—	—
9	9000	1,5	25	9,2	14	14	1,5	10	—	—	—	—	—	—		—	—
10	9000	8,0	20	32	22,5	256	1,5	25	—	—	—	—	—	—		—	—
$\Sigma\,(lR+Z)_7+\Sigma\,(lR+Z)_8^{10} = 454$ kg/m². Das übrige muß abgedrosselt werden.																	
								Heizkörper 9.									
11	5200	2,0	20	11,0	12	22	20,0	93	—	—	—	—	—	—		—	—

$\Sigma\,(lR+Z)_{11}+\Sigma\,(lR+Z)_9^{10}+\Sigma\,(lR+Z)_7 = 462$ kg/m². Das übrige muß abgedrosselt werden.

Teilstr. 1a. {Heizkörper . . . . 1,5; Durchgangsventil (20) . . 17,0} = 18,5

Teilstr. 1b. {Bogen (20) . . . . 1,5; T-Stück-Durchgang . . . 1,0} = 2,5

Teilstr. 3. T-Stück-Abzweig 1,5

Teilstr. 4. T-Stück-Durchgang . . . 1,0

Teilstr. 5. T-Stück-Abzweig 1,5

Teilstr. 6. {Knie (39) . . . . 1,0; T-Stück-Durchgang . . . 1,0} = 2,0

Teilstr. 7. {Bogen (49) . . . . 0,5; Kesselaustritt . . . . . . 1,0} = 1,5

Teilstr. 2. {Heizkörper . . . . 1,5; Durchgangsventil . . . . 17,0; T-Stück-Abzweig . . . . . 1,5} = 20,0

Teilstr. 8a wie 1a; 8b wie 1b.

Teilstr. 9 wie 3; 11 wie 2.

Teilstr. 10. T-Stück-Abzweig. 1,5

γ) Heizkörper 8:

Reibungsdruckverbrauch in den Teilstr. 1a, 1b, 3 . . .	$7{,}5 \cdot 5 =$ 37,5 kg/m²
Reibungsverbrauch in den Teilstr. 4, 5, 6	$18 \cdot 10 =$ 180,0 „
Reibungsdruck im Punkt B	= 217,5 kg/m²
Ab Reibungsdruckverbrauch für 8a, 8b, 9	$7{,}5 \cdot 5 =$ 37,5 „
Bleibt Reibungsdruck für Teilstr. 10	= 180,0 kg/m²
Länge der Teilstr. 10	= 8 m
Druckabfall für Teilstr. 10	$\frac{180}{8} =$ 22,2 kg/m²

angängig, da Teilstr. 10 in der Dampfrichtung fallend liegt. Am Ende der Teilstr. 10 Entwässerung.

Unter Benutzung der Hilfstafel XII ergeben sich die übrigen Durchmesser in Spalte c der Zusammenstellung O.

b) Nachrechnung der Rohrleitung.

Die Nachrechnung der Rohrleitung ist vollkommen in der Zusammenstellung O durchgeführt. Man erkennt, daß von 11 Teilstrecken nicht eine einzige geändert werden mußte.

Wie bereits in den „Mitteilungen der Prüfanstalt" erwähnt, sind meine Assistenten und vor allem die Herren Dr. Wierz und Dr. Bradtke, wesentlich an den Vorarbeiten für dieses Werk beteiligt gewesen. Dr. Wierz hat sich außerordentliche Verdienste bei der Behandlung der Dampfheizungen erworben, und Dr. Bradtke leistete den Hauptteil bei der Bearbeitung der Lüftungsanlagen.

Ihnen beiden sowie den mehr als zwanzig Herren, die an der Durchführung der umfangreichen Untersuchungen beteiligt gewesen waren, möchte ich auch an dieser Stelle innigst danken.

Schließlich gebührt Herrn Dipl.-Ing. Fudickar, der mich bei der Drucklegung des Werkes hilfreich unterstützte, mein herzlichster Dank.

Streifband **A**

Wasserheizung.

Inhalt:

Hilfstafeln I, II, III, IV.

Schwerkraftsheizung.

Temperaturgefälle 1° C.

Additional material from *Rohrnetzberechnungen in der Heiz- und Lüftungstechnik auf einheitlicher Grundlage,*
ISBN 978-3-642-50466-2 (978-3-642-50466-2_OSFO1),
is available at http://extras.springer.com

Hilfstafel II.

Pumpenheizung.

Temperaturgefälle 1° C.

Additional material from *Rohrnetzberechnungen in der Heiz- und Lüftungstechnik auf einheitlicher Grundlage,*
ISBN 978-3-642-50466-2 (978-3-642-50466-2_OSFO2),
is available at http://extras.springer.com

Schwerkraftsheizung.

Temperaturgefälle 20° C.

Additional material from *Rohrnetzberechnungen in der Heiz- und Lüftungstechnik auf einheitlicher Grundlage,*
ISBN 978-3-642-50466-2 (978-3-642-50466-2_OSFO3),
is available at http://extras.springer.com

Hilfstafel IV.

Pumpenheizung.

Temperaturgefälle 20° C.

Additional material from *Rohrnetzberechnungen in der Heiz- und Lüftungstechnik auf einheitlicher Grundlage*,
ISBN 978-3-642-50466-2 (978-3-642-50466-2_OSFO4),
is available at http://extras.springer.com

Streifband **B**

Lüftung und Luftheizung.

Inhalt:

Hilfstafeln V, VI, VII, VIII, IX.

Hilfstafel V.

Additional material from *Rohrnetzberechnungen in der Heiz- und Lüftungstechnik auf einheitlicher Grundlage,*
ISBN 978-3-642-50466-2 (978-3-642-50466-2_OSFO5),
is available at http://extras.springer.com

EXTRA
MATERIALS
extras.springer.com

Hilfstafel VI.

Additional material from *Rohrnetzberechnungen in der Heiz- und Lüftungstechnik auf einheitlicher Grundlage,*
ISBN 978-3-642-50466-2 (978-3-642-50466-2_OSFO6),
is available at http://extras.springer.com

Hilfstafel VII.

Lüftungs- und Luftheizanlagen.

Rohrdurchmesser von 50 bis 500 mm lichte Weite.

Additional material from *Rohrnetzberechnungen in der Heiz- und Lüftungstechnik auf einheitlicher Grundlage,*
ISBN 978-3-642-50466-2 (978-3-642-50466-2_OSFO7),
is available at http://extras.springer.com

EXTRA
MATERIALS
extras.springer.com

Hilfstafel VIII.

Lüftungs- und Luftheizanlagen.

Rohrdurchmesser von 500 bis 2500 mm lichte Weite.

Additional material from *Rohrnetzberechnungen in der Heiz- und Lüftungstechnik auf einheitlicher Grundlage,*
ISBN 978-3-642-50466-2 (978-3-642-50466-2_OSFO8),
is available at http://extras.springer.com

Lüftungs- und Luftheizanlagen.

„Gleichwertige Durchmesser“ dg und Querschnitte rechteckiger Kanäle.

Additional material from *Rohrnetzberechnungen in der Heiz- und Lüftungstechnik auf einheitlicher Grundlage,*
ISBN 978-3-642-50466-2 (978-3-642-50466-2_OSFO9),
is available at http://extras.springer.com

Streifband **C**

Dampfheizung

Inhalt:

Hilfstafeln X, XI, XII.

$$B = p^{1,9375}$$

Additional material from *Rohrnetzberechnungen in der Heiz- und Lüftungstechnik auf einheitlicher Grundlage*,
ISBN 978-3-642-50466-2 (978-3-642-50466-2_OSFO10),
is available at http://extras.springer.com

Hochdruck-Dampfheizung.

Additional material from *Rohrnetzberechnungen in der Heiz- und Lüftungstechnik auf einheitlicher Grundlage,*
ISBN 978-3-642-50466-2 (978-3-642-50466-2_OSFO11),
is available at http://extras.springer.com

Niederdruck-Dampfheizung.

Additional material from *Rohrnetzberechnungen in der Heiz- und Lüftungstechnik auf einheitlicher Grundlage,*
ISBN 978-3-642-50466-2 (978-3-642-50466-2_OSFO12),
is available at http://extras.springer.com